# Die Reichweite von Grundwasserabsenkungen mittels Rohrbrunnen

Ein Beitrag zur Theorie und praktischen
Berechnung von Absenkungsanlagen

von

## Dr.-Ing. Hermann Weber

Siemens-Bauunion, G. m. b. H.
Kommanditgesellschaft

Mit 22 Textabbildungen

Berlin
Verlag von Julius Springer
1928

ISBN-13:978-3-642-98152-4     e-ISBN-13:978-3-642-98963-6
DOI: 10.1007/978-3-642-98963-6

Alle Rechte, insbesondere das der Übersetzung
in fremde Sprachen, vorbehalten.

# Vorwort.

Die vorliegende Arbeit hatte zunächst den Zweck, auf theoretischem Wege Einblick in das Wesen und die Größe der Reichweite von Grundwasserabsenkungen zu gewinnen und Unklarheiten, die bislang bestanden haben, zu beseitigen. Mit Hilfe der erzielten Ergebnisse lassen sich, trotzdem sie formelmäßig ausgedrückt sind, in praktischen Fällen naturgemäß auch in einfachen Fällen die Reichweiten nicht vollkommen genau errechnen, da Umstände für die Größe der Reichweite mit maßgebend sind, die sich in ihrer Gesamtheit nie vollständig erfassen lassen werden. Es ist durch die Untersuchungen aber wohl möglich geworden, den ganzen Absenkungsvorgang zu klären, und dadurch die Größe der Reichweite im Einzelfalle genauer zu erfassen, als dies bei bloßer Schätzung möglich wäre.

Auf einen Umstand, der sich im Verlaufe der Untersuchungen gewissermaßen nebenher ergeben hat, sei auch hier noch aufmerksam gemacht. Die von Thiem für einen Einzelbrunnen auf Grund des Darcyschen Gesetzes aufgestellte Gleichung, der für eine Mehrbrunnenanlage die Forchheimersche Formel entspricht, birgt einige Unstimmigkeiten in sich. Die Gleichung setzt ein unendlich großes Grundwasserbecken ohne Zuflüsse voraus und soll für den Beharrungszustand gelten. Ein wirklicher Beharrungszustand kann sich unter diesen Voraussetzungen erst bei unendlich großer Reichweite einstellen, d. h. im Beharrungszustand müßte die Absenkungskurve sich dem ungesenkten Grundwasserspiegel im Unendlichen tangential anschmiegen. Bei der Thiemschen Ableitung ist die Einführung der Grenzbedingung, daß (mit den Bezeichnungen der Abb. 2) für $x = \infty$, $y = H$ werden soll, mathematisch unmöglich. Thiem setzt deshalb für den endlichen Wert $x = R$, $y = H$ und kommt dadurch in Widerspruch mit seinen Voraussetzungen. Smreker hat diesen Umstand mit zum Hauptanlaß genommen, die Gültigkeit des Darcyschen Gesetzes, auf dem die Thiemsche Formel sich gründet, überhaupt anzuzweifeln und das nach ihm benannte Durchflußgesetz aufzustellen, bei dem die obenerwähnten Ableitungsschwierigkeiten nicht auftreten. Es hat sich nun bei der vorliegenden Arbeit gezeigt, daß bei Berücksichtigung der Tatsachen, daß die Reichweite eine Funktion der Absenkungszeit ist, und daß unter den von Thiem gemachten Voraussetzungen der Beharrungszustand erst nach unendlich langer Pumpzeit auftreten kann, das Darcysche Gesetz zu einwandfreien Absenkungsgleichungen führt.

Berlin, im Oktober 1928.

H. Weber.

# Inhaltsverzeichnis.

# I. Allgemeines über die Berechnung von Grundwasserabsenkungsanlagen.

## a) Grundgesetze.

Für die Berechnung von Grundwasserabsenkungsanlagen wird bekanntlich meist das von Darcy bei seinen Untersuchungen über die Filterdurchlässigkeit empirisch ermittelte Gesetz

$$q = k \frac{h}{l} F$$

angewendet.

Hierin bedeuten:

$q$ die in der Zeiteinheit gefilterte Wassermenge,

$F$ die Größe der Filterfläche,

$h$ die Druckhöhe bzw. den Druckhöhenverlust,

$l$ die Filterstärke bzw. den vom Sickerwasser innerhalb des Filters zurückgelegten Weg,

$k$ einen dem Filtermaterial eigentümlichen Durchlässigkeitsbeiwert.

Gegen die Richtigkeit des Darcyschen Gesetzes sind von vielen Seiten Einwände erhoben worden, und mehrfach wurden Gesetze aufgestellt, die die Bewegung des Grundwassers besser erfassen sollen. So zeigt z. B. die Smrekersche Formel die Form:

$$q = \left( k \frac{h}{l} \right)^{\frac{1}{n}} F.$$

$k$ bedeutet hierin wie bei Darcy eine dem jeweiligen Filtermaterial eigene Durchlässigkeitskonstante. $n$ wird von Smreker zu 3/2 angenommen.

In der Tat hat man in einzelnen Fällen bei der Anwendung der Smrekerschen oder einer verwandten Formel eine bessere Übereinstimmung mit der Wirklichkeit beobachtet als dies bei der Anwendung des Darcyschen Gesetzes der Fall gewesen wäre, und auch die eingehenden Versuche von Piefke[1] haben ergeben, daß das Darcysche Gesetz nur für kleine Geschwindigkeiten des Grundwassers genügend genau Geltung hat. Die Strömungs-

---

[1] Kyrieleis: Grundwasserabsenkung bei Fundierungsarbeiten. Berlin 1913. S. 12f.

geschwindigkeiten, die bei Grundwasserabsenkungen auftreten, sind jedoch im allgemeinen so klein, daß das Darcysche Gesetz für die praktische Berechnung von Absenkungsanlagen als gültig angesehen werden kann.

Eine Ausnahme bildet nur die Bewegung des Grundwassers in unmittelbarer Brunnennähe, wo das Gefälle und demgemäß die Geschwindigkeit so zunimmt, daß das Darcysche Gesetz dort nicht mehr zutrifft. Da dieser Umstand jedoch für die Erfordernisse der Praxis wenig Bedeutung hat, wird heute der Berechnung von Grundwasserabsenkungsanlagen zumeist die Darcysche Annahme zugrunde gelegt, zumal da sie auch vor allen anderen aufgestellten Gesetzen den Vorzug der Einfachheit hat. Auch die folgenden Ausführungen bauen sich deshalb auf dem Darcyschen Gesetz auf.

Mit Hilfe des Darcyschen Gesetzes sind von Thiem und Forchheimer die Formeln für die Wasserentnahme aus einem Schachtbrunnen und für die Entnahme aus einer Anlage von mehreren zusammenwirkenden Brunnen aufgestellt worden, deren genauere Kenntnis und Ableitung hier als bekannt vorausgesetzt werden kann.

Diese Formeln, die ebenso wie für die Vorausberechnung von Wasserversorgungsanlagen auch für die hydrologischen Berechnungen der Grundwasserabsenkungsanlagen des Tiefbaues benutzt werden, geben die Wechselbeziehung zwischen der entnommenen Wassermenge und der in einem bestimmten Punkt erzielten Absenkung an. Außer den Größen, die sich auf die räumliche Ausdehnung der zu berechnenden Anlage beziehen, kommen in den Formeln noch der eingangs erwähnte Durchlässigkeitswert $k$ des Untergrundes und die Reichweite $R$ der Absenkung vor. Unter $R$ wird dabei die Entfernung von der Anlage bis zu der Grenze, an welcher sich die Absenkung eben noch auswirkt, verstanden.

Für die Aufstellung der Formeln wurde angenommen, daß alles den Brunnen zufließende Wasser von außen her dem bestehenden Absenkungstrichter stets wieder zufließt. Die Reichweite der Absenkung bleibt demgemäß konstant, d. h. die Formeln gelten nur für einen sogenannten Beharrungszustand. Es wird später gezeigt werden, daß in Wirklichkeit jedoch zumindest während der ersten Zeit der Absenkung ein mehr oder minder großer Teil der Entnahmemenge dem Wasserschatz innerhalb der jeweiligen Reichweitengrenze entnommen wird, wodurch der Absenkungstrichter während dieser Zeit allmählich vergrößert und die Reichweitengrenze hinausgeschoben wird.

## b) Bestimmung der Durchlässigkeit des Untergrundes für die Berechnung.

Der Durchlässigkeitswert $k$ und die Reichweite $R$ der Absenkung müssen für die Berechnung auf irgendeine Weise ermittelt und in die Gleichungen eingesetzt werden.

Der Wert $k$ kann auf verschiedene Weise festgestellt werden. Er wird experimentell für die betreffende Bodenart im Laboratorium bestimmt oder mittels einer Probeabsenkungsanlage, die an der endgültigen Absenkungsstelle errichtet wird, aus der bei der Probeabsenkung geförderten Wassermenge und aus der infolge der Entnahme erzielten Absenkung rückwärts errechnet. Für weniger wichtige Fälle genügt auch, die nötige Erfahrung des Untersuchenden vorausgesetzt, eine Schätzung des $k$-Wertes. Die verschiedentlich aufgestellten Formeln zur Bestimmung des $k$-Wertes aus der Zusammensetzung des Untergrundes bezüglich der Korngrößen sind unzuverlässig und deshalb nie recht in Aufnahme gekommen.

## c) Bisherige Ermittlung der Reichweite für die Berechnung.

Gibt es für die Bestimmung des $k$-Wertes verschiedene verhältnismäßig sichere Mittel, so ist man bis jetzt bei der Bestimmung der jeweilig gültigen Reichweite fast ausschließlich auf eine Schätzung derselben angewiesen. Eine unmittelbare Messung der Reichweite bei in Betrieb befindlichen Anlagen ist wohl nur selten durchgeführt worden, trotzdem sich daraus Schlüsse für spätere Ausführungen ziehen lassen würden. Dies hat hauptsächlich seinen Grund darin, daß die Reichweitengrenze sich stets in größerer Entfernung von der Absenkungsstelle befindet und es nur in seltenen Fällen möglich sein wird, Beobachtungsbrunnen in genügender Zahl niederzubringen. Liegen Ortschaften in der Nähe, so läßt sich in den Hausbrunnen zwar die Absenkung beobachten und daraus ungefähr ermitteln, wie weit der Einfluß der Absenkungsanlage reicht, doch werden bei Bauausführungen fast niemals derartige Erhebungen angestellt, weil es dazu meist an der erforderlichen Zeit fehlt.

Zudem ist die Reichweite nicht nur vom Untergrund abhängig, sondern ist auch eine Funktion der Senkungsdauer, da die Entfernung der Reichweitengrenze von der Absenkungsstelle sich ständig vergrößert, d. h. der Einfluß der Entnahme sich in immer weiterem Umkreise bemerkbar macht.

Eine genauere unmittelbare Feststellung der Reichweitengrenze wird auch noch dadurch erschwert, daß die Absenkung in der Nähe derselben sehr gering und viel kleiner ist, als die in den meisten Fällen vorhandene, von örtlichen Verhältnissen abhängige Schwankung des Grundwasserspiegels.

Eine durch die Anlage hervorgerufene Absenkung läßt sich daher erst mit Sicherheit nachweisen, wenn sie bereits einen gewissen Betrag erreicht hat. In diesem Zeitpunkt ist die Reichweitengrenze jedoch bereits ein erhebliches Stück weiter fortgeschritten.

Mittelbar läßt sich aus den Absenkungsgleichungen die Reichweite errechnen, wenn gleichzeitig in mindestens zwei verschieden weit von der Entnahmestelle entfernten Meßbrunnen der Wasserstand gemessen wird. Eine Kontrolle des Rechnungsergebnisses ist jedoch aus den oben dargelegten Gründen schwer möglich, was um so schwerer wiegt, als örtliche Störungen einzelner Meßbrunnen auf das Rechnungsergebnis in bedeutendem Maße fehlerhaft einwirken können.

Die Reichweite einer Absenkung ist in großem Maße durch mehrere Jahre hindurch anläßlich einer Wasserhaltung bei Senftenberg in der Lausitz beobachtet worden. Einen Bericht und Aufzeichnungen darüber gibt Keilhack[1] in seinem Werke: „Grundwasser- und Quellenkunde“, doch dürfte dies die einzige größere Veröffentlichung über wirklich lange Zeit hindurch beobachtete Reichweiten sein.

## d) Einfluß der Durchlässigkeit und der Reichweite auf das Rechnungsergebnis.

Wenn es nun auch unmöglich ist, die Reichweite einer Grundwasserabsenkungsanlage für eine Berechnung derselben mit demselben Genauigkeitsgrade vorauszubestimmen bzw. zu schätzen, wie dies für den $k$-Wert der Fall ist, so muß andererseits berücksichtigt werden, daß ein Fehler in der Annahme der Reichweite sich in der Bestimmung der zu fördernden Wassermenge bzw. der zu erzielenden Absenkungstiefe nicht so scharf auswirkt, wie ein Fehler in der Annahme des $k$-Wertes, da die Reichweite als logarithmus naturalis in die Brunnenformel eingeht und bei den Reichweitengrößen, die für eine hydrologische Berechnung in Frage kommen, sich der logarithmus wenig im Verhältnis zum numerus ändert.

---

[1] Keilhack: Grundwasser- und Quellenkunde. 1. Auflage, S. 226 ff. Berlin: Bornträger 1917.

Mathematisch läßt sich die Abhängigkeit der Wassermenge von einer fehlerhaften Schätzung von $R$ und $k$ folgendermaßen ausdrücken:

Die Thiemsche Brunnenformel lautet:

$$q = \frac{\pi\, k\, (H^2 - h^2)}{\ln R - \ln r}\,,$$

hierin bedeutet außer den bereits bekannten Größen

$q$ die sekundlich geförderte Wassermenge in m³,

$H$ den senkrecht gemessenen Höhenunterschied in m zwischen dem ungesenkten Grundwasserspiegel und der Sohle des Brunnens, die nach der von Thiem gemachten Annahme auf einer horizontal gelagerten undurchlässigen Schicht aufruht,

$h$ den Wasserstand im Brunnen während der Absenkung in m,

$r$ den Brunnenradius in m.

Differentiiert man in obiger Gleichung $q$ partiell nach $H$ und $k$, so erhält man:

$$\partial q = \frac{\pi\, (H^2 - h^2)}{\ln R - \ln r}\, \partial k - \frac{\pi\, k\, (H^2 - h^2)}{(\ln R - \ln r)^2\, R}\, \partial R$$

$$\partial q = \frac{q}{k}\, \partial k - \frac{q}{(\ln R - \ln r)\, R}\, \partial R$$

$$\frac{\partial q}{q} = \frac{\partial k}{k} - \frac{1}{\ln R - \ln r}\, \frac{\partial R}{R}\,.$$

Annäherungsweise können hier für $\partial q$, $\partial k$, $\partial R$ die Fehlerbeträge $\varDelta q$, $\varDelta k$, $\varDelta R$ gesetzt werden, solange sie klein bleiben.

Es ist demnach

$$\frac{\varDelta q}{q} = \frac{\varDelta k}{k} - \frac{1}{\ln R - \ln r}\, \frac{\varDelta R}{R}\,.$$

Bezeichnen $p_q$, $p_k$, $p_R$ die prozentualen Fehler von $q$, $k$, $R$, so ist

$$p_q = p_k - \frac{1}{\ln R - \ln r}\, p_R\,. \tag{1}$$

Diese Gleichung sagt aus, daß ein Fehler von $k$ in gleichem Maß und Sinn auf $q$ übergeht, daß dagegen ein Fehler von $R$ $q$ nur abgeschwächt und in negativem Sinn beeinflußt. Dies Ergebnis ließ sich zwar schon aus der Thiemschen Formel ablesen, doch läßt sich jetzt der Fehlereinfluß leicht zahlenmäßig verfolgen, was an folgendem Zahlenbeispiel näher erläutert werden soll.

Es sei:

$$r = 0{,}10 \text{ m} \qquad \ln r = -\,2{,}30$$
$$R = 300 \text{ m} \qquad \ln R = 4{,}60\,,$$

dann ist

$$p_q = p_k - \frac{1}{6,9}\, p_R\,.$$

Ist $p_R = 100\,\%$, $p_k = 0\,\%$, so wird $p_q = -14,5\,\%$. In Wirklichkeit gilt die Ableitung der Fehlerformel genauer nur für kleine $p$-Werte. Der Fehler, der für $p_q$ dadurch entsteht, daß im vorliegenden Fall $p_R = 100\,\%$ gewählt wurde, ist bei einem großen $R$-Wert unbedeutend; bei genauer Berechnung findet man hier $p_q = -9\,\%$. Wird $p_R = 0$, so darf $k$ also nur um rund 10 % falsch ermittelt sein, damit $q$ sich doch noch mit der gleichen Genauigkeit ergibt, ein Fall, der selten vorkommt.

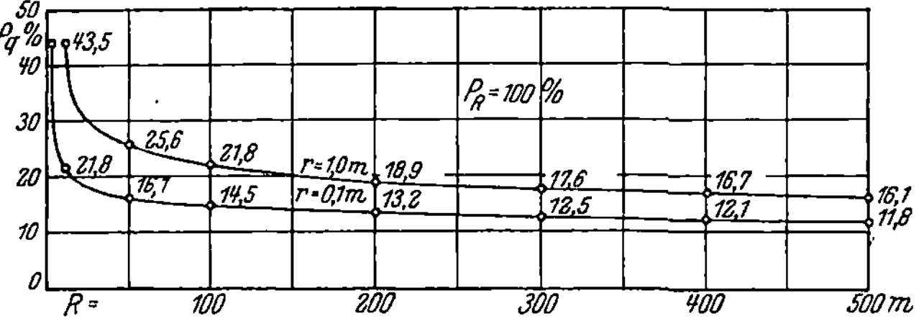



Abb. 1. Fehlermaß von $q$ bei falscher Schätzung von $R$.

In Abb. 1 ist dargestellt, wie die $p_q$-Kurve für verschiedene Brunnenradien und Reichweiten verläuft.

Um die Kurve anschaulich zu gestalten, wurde auch hier $p_R = 100\,\%$ gesetzt, trotzdem für einen so hohen Wert die Fehlerformel insbesondere bei kleinen Reichweiten nur sehr angenähert gilt.

Die Kurven zeigen, daß für die in der Grundwasserabsenkungstechnik praktisch vorkommenden Reichweiten, d. h. Reichweiten, die etwa die Grenze von 100 m überschreiten, der prozentuale Fehler in der Ermittlung von $q$ ungefähr gleich bleibt, unabhängig davon, bei welcher tatsächlich vorhandenen Reichweite diese mit dem prozentualen Fehler $p_R$ eingesetzt wird.

## e) Die Bedeutung einer theoretischen Reichweitenbestimmung.

Trotzdem ein Fehler in der Bestimmung der Reichweite, wie oben gezeigt, einen weit geringeren Einfluß auf das Endergebnis hat, als ein Fehler in der Bestimmung des $k$-Wertes, erscheint es bei der großen Bedeutung, die das Grundwasserabsenkungsverfahren in den letzten Jahren für alle Gebiete der Bautechnik erworben hat, doch angebracht, nach einem Weg zu suchen, der es ermöglicht, auch die Reichweite einer Absenkungsanlage wenigstens angenähert vorherzubestimmen.

Dies ist besonders wichtig für umfangreiche und tiefe Absenkungen, wie sie z. B. für verschiedene neuere Schleusenbauten zur Anwendung gekommen sind, und für Schachtabteufungen, für welche das Grundwasserabsenkungsverfahren jetzt bei geeigneten Bodenverhältnissen (diluviale und tertiäre Sande) ebenfalls in Aufnahme kommt.

Oft ist die Kenntnis der Reichweite auch für andere Zwecke als nur für die Bestimmung der Ergiebigkeit der Anlage erwünscht. Dies ist der Fall, wenn die Gefahr besteht, daß durch eine große Absenkung und eine dementsprechend zu erwartende große Reichweite Wasserversorgungsanlagen zeitweilig in ihrer Wirksamkeit gestört oder wenn Bauwerke gefährdet werden, z. B. Bauten auf im Grundwasser stehenden Pfahlrosten, die durch die Absenkung vom Wasser zeitweise entblößt werden und dadurch zur Fäulnis neigen.

# II. Die theoretische Bestimmung der Reichweite.

## a) Die Schultzesche Reichweitenformel.

Ein Versuch, eine theoretische Formel für die Reichweite eines alleinstehenden Rohrbrunnens aufzustellen, ist von Dr.-Ing. J. Schultze[1] gemacht worden. Die Annahme, auf der die Ableitung der Formel beruht, ist jedoch unzutreffend und kann daher kein richtiges Ergebnis liefern.

Dr. Schultze nimmt an, daß die Senkung des Wasserspiegels je Zeiteinheit in den Außenbezirken größer ist als in Brunnennähe und stellt folgendes Gesetz für den Verlauf der Absenkung auf[2]:

$$\frac{\partial y}{\partial t} = \frac{\partial H}{\partial t}\left(\frac{r}{R}\right)^n,$$

hierin bedeuten:

$\dfrac{\partial y}{\partial t}$ die Absenkungsgeschwindigkeit in der Entfernung $r$ von der Brunnenachse,

$\dfrac{\partial H}{\partial t}$ die Absenkungsgeschwindigkeit in der Entfernung der jeweiligen Reichweite $R$ von der Brunnenachse.

Der Exponent $n$ soll nach Dr. Schultze aus den Ergebnissen

---

[1] Schultze, J.: Die Grundwasserabsenkung in Theorie und Praxis. S. 9ff. Berlin: Julius Springer 1924.
[2] Ebenda S. 10.

der Praxis bestimmt werden. Für die Ableitung der Reichweitenformel setzt er vorläufig $n = 1$.

Das Unzutreffende der gemachten Annahme geht aus folgender mathematischen Überlegung hervor:

Unter Anwendung des obigen Gesetzes ergibt sich für $n = 1$

$$\frac{\frac{\partial y_1}{\partial t}}{\frac{\partial y_2}{\partial t}} = \frac{r_1}{r_2},$$

d. h. die Absenkungsgeschwindigkeiten an verschiedenen Punkten
innerhalb der Reichweitengrenze verhalten sich wie die Abstände
der Punkte von der Brunnenachse. Die Reichweite ermittelt
Dr. Schultze[1] zu

$$R = \sqrt{\frac{6Hkt}{\beta}}.$$

Für den Verlauf der Absenkungskurve erhält Dr. Schultze folgende Gleichung:

$$y = \sqrt{H^2 - \frac{q}{\pi k}\left(\ln \frac{1}{r}\sqrt{\frac{6Hkt}{\beta}} - \frac{1}{3}\right)},$$

worin $\beta$ für den vorliegenden Untergrund das Verhältnis des
Hohlrauminhalts zum Gesamtinhalt angibt.

Bildet man $\frac{\partial y}{\partial t}$, so ergibt sich:

$$\frac{\partial y}{\partial t} = -\frac{q}{4\pi kt \sqrt{H^2 - \frac{q}{\pi k}\left(\ln \frac{1}{r}\sqrt{\frac{6Hkt}{\beta}} - \frac{1}{3}\right)}}.$$

Die Absenkungsgeschwindigkeit, d. i. $\frac{\partial y}{\partial t}$ ist negativ, weil $y$ po-
sitiv nach oben hin rechnet. Der absolute Wert von $\frac{\partial y}{\partial t}$ fällt,
wie sich aus der letzten Gleichung ergibt, wenn $r$ wächst, und
umgekehrt, d. h. die Endformel steht in Widerspruch mit der
von Dr. Schultze gemachten Annahme. Übrigens lehren auch
die Erfahrungen der Praxis, daß die Zunahme der Absenkung
in gleichen Zeitabschnitten um so kleiner wird, je weiter man
sich von der Brunnenanlage entfernt.

Daß die von Dr. Schultze ermittelte Brunnenformel keine
von vornherein unwahrscheinlich anmutende Absenkungskurve
ergibt, rührt daher, daß, wie weiter oben schon für die Brunnen-

---

[1] Schultze, J.: Die Grundwasserabsenkung in Theorie und Praxis.
S. 11.   Berlin: Julius Springer 1924.

formel gezeigt wurde, ein Fehler in der Bestimmung der Reichweite nur einen verhältnismäßig geringen Einfluß auf das Endergebnis ausübt.

## b) Voraussetzungen für eine neue theoretische Rechnung.

Im Folgenden soll nun der Versuch gemacht werden, eine Formel für die Reichweite einer Absenkung aufzustellen, ohne daß neue schwer zu bestimmende Größen eingeführt werden. Es ist wohl klar, daß dies nur möglich ist, wenn dabei gewisse Annahmen zur Vereinfachung der Rechnung gemacht werden, stellt doch das Darcysche Gesetz auch nur eine Annäherung dar, die sich dann in der Praxis als brauchbar erwiesen hat.

Für die Rechnung wird zunächst angenommen, daß die Brunnen in einem großen Grundwasserbecken mit horizontalem Spiegel stehen, das von keiner Seite her Zufluß erhält, und zweitens, daß sie, entsprechend der von Thiem gemachten Voraussetzung für die Ableitung der Brunnenformel mit ihrem unteren Ende unmittelbar auf einer undurchlässigen wagerechten Bodenschicht aufruhen.

## c) Die Reichweite des Einzelbrunnens.

**1. Die Grundgleichung.** Es soll zunächst die Reichweite der Absenkung durch einen Einzelbrunnen untersucht werden. Durch die Wasserentnahme aus einem einzelnen Brunnen wird im Untergrund ein trichterförmiger Raum trockengelegt, der sich im Verlaufe der Entnahme ständig vergrößert. Der Radius des Kreises, der die Grenze bezeichnet zwischen der Oberfläche des ungesenkten Grundwasserspiegels und dem Senkungstrichter, wächst ebenfalls, wie weiter oben bereits gezeigt, mit der Zeitdauer der Entnahme und wird als die augenblickliche Reichweite $R$ der Absenkung bezeichnet. Da außerhalb dieser Reichweitengrenze kein Druckgefälle vorhanden ist, ein Fließen also nicht stattfinden kann, muß die gesamte dem Brunnen bis dahin entnommene Wassermenge dem Senkungstrichter entstammen.

Bezeichnet $t$ die Zeit, $q = f(t)$ die jeweilig entnommene Wassermenge, $V$ den Inhalt des Absenkungstrichters zur Zeit $T$ und $\beta$ das Verhältnis des Hohlrauminhalts zum Gesamtinhalt des betreffenden Untergrundes, so muß nach Ablauf der Zeit $T$ die Gleichung gelten:

$$\beta V = \int_0^T q\, dt. \qquad (2)$$

**2. Die Spiegelgleichung.** In der nebenstehenden Abb. 2 ist ein Brunnen dargestellt, dessen Absenkungstrichter zur Zeit die Reichweite $R$ hat. Wird die Entnahme fortgesetzt, so vergrößern sich der Absenkungstrichter und die Reichweite $R$, und da von außen her keinerlei Zufluß eintritt, wird die Entnahmemenge $q$ allein durch die Wassermenge gedeckt, die infolge dieser Vergrößerung frei wird. Nach welchem Gesetz die Abnahme der Spiegelordinaten $y$ erfolgt, bleibt dabei vorläufig noch unbekannt.

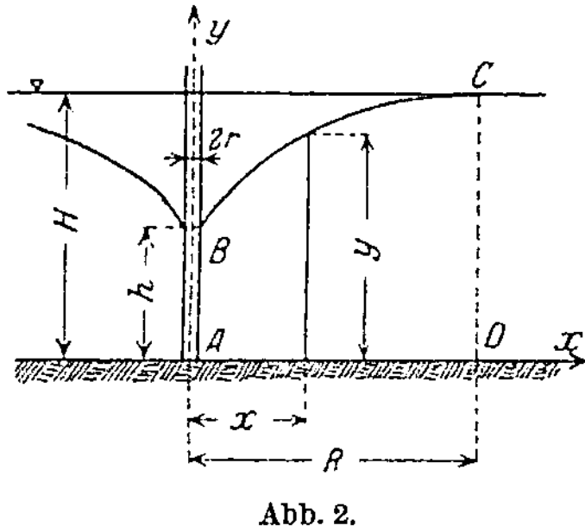

Abb. 2.

Denkt man sich jedoch um die Brunnenachse konzentrische Kreiszylinder gelegt, so fließt offenbar durch die Wandung des Zylinders mit dem Radius $R$ kein Wasser, während durch die Wandung des Zylinders vom Radius $r$ die gesamte Entnahmemenge $q$ strömt.

Für die Zunahme von $q_R = 0$ bis $q_r = q$ soll unter Vernachlässigung des kleinen Brunnenradius $r$ folgende Gleichung als gültig angesehen werden:

$$q_x = q\left[1 - \left(\frac{x}{R}\right)^n\right].\tag{3}$$

$q_x$ bedeutet hierin die Wassermenge, die durch die Wandung des Zylinders vom Radius $x$ fließt. Die Größe des Exponenten $n$ soll weiter unten näher bestimmt werden.

Unter Anwendung des Darcyschen Gesetzes gilt für den gesenkten Wasserspiegel mit obiger Annahme folgende Gleichung:

$$q_x = q\left[1 - \left(\frac{x}{R}\right)^n\right] = 2\pi x y k \frac{dy}{dx}.$$

Wird diese Differentialgleichung integriert, so erhält man

$$\pi k y^2 = q\left(\ln x - \frac{1}{n}\,\frac{x^n}{R^n}\right) + C.\tag{4}$$

Die Konstante $C$ läßt sich aus der Bedingung ermitteln, daß für $x = R$, $y = H$ werden muß. Es ist

$$\pi k H^2 = q\left(\ln R - \frac{1}{n}\,\frac{R^n}{R^n}\right) + C,$$

so daß sich als Absenkungsgleichung ergibt:

$$q = \frac{\pi k (H^2 - y^2)}{\ln\dfrac{R}{x} - \dfrac{1}{n}\dfrac{R^n - x^n}{R^n}}.\tag{5}$$

Für $n = \infty$ geht die Gleichung in die **Thiem**sche Brunnenformel
über. Für jeden anderen positiven Wert von $n$ liefert sie bei
gleicher Wassermenge $q$ größere Ordinaten $y$ und bei gleichen
Ordinaten $y$ eine größere Wassermenge als die **Thiem**sche Formel.
Dies bedeutet, daß zur Erzielung eines bestimmten Absenkungs-
zustandes eine größere Wassermenge gepumpt werden muß, als
wenn bei dem betreffenden $R$ der Beharrungszustand schon vorhanden wäre.

Auf einen wichtigen Unterschied der Gleichung 5 gegenüber
der **Thiem**schen Brunnenformel sei noch hingewiesen. Die Absenkungskurve gemäß der letzteren Formel schließt sich für
$x = R$ nicht stetig an den ungesenkten Grundwasserstand an.
Die Ursache für den hier vorhandenen Knick liegt in dem Wider-
stand, den die Wassermenge $q$ beim Übergang von der Ruhe
zur Bewegung zu überwinden hat. Da nach den für die Aufstellung unserer Formel

$$q = \frac{\pi k (H^2 - y^2)}{\ln \dfrac{R}{x} - \dfrac{1}{n} \dfrac{R^n - x^n}{R^n}} \tag{5}$$

gemachten Voraussetzungen alles Wasser nach einem stetigen
Gesetz innerhalb des jeweiligen Absenkungstrichters entnommen
wird, muß die sich ergebende Absenkungskurve für $x = R$ stetig
in den ungesenkten Wasserstand übergehen, und in der Tat ist
dies für Gleichung (5) der Fall. Erwähnt sei noch, daß die von
Dr. **Schultze** ermittelte und auf S. 8 wiedergegebene Gleichung
der Absenkungskurve diese auch nach den von Dr. **Schultze**
gemachten Voraussetzungen erforderliche Eigenschaft nicht besitzt.

**3. Die Reichweite.** Es soll nun der bei einer bestimmten
Reichweite $R$ vorhandene Rauminhalt des Absenkungstrichters
ermittelt werden. Für die Rechnung werden dabei die Bezeichnungen der Abb. 2 zugrunde gelegt.

Der Rotationskörper, der durch Drehung der Fläche $ABCD$
um die $y$-Achse entsteht, hat den Inhalt:

$$V' = 2\pi \int\limits_{x=r}^{R} xy\,dx.$$

Nach der oben abgeleiteten Absenkungsgleichung ist

$$y = \sqrt{H^2 + \frac{q}{\pi k}\left(\ln \frac{x}{R} + \frac{1}{n}\,\frac{R^n - x^n}{R^n}\right)},$$

wofür man auch schreiben kann:

$$y = H\sqrt{1 + \frac{q}{\pi k H^2}\left(\ln \frac{x}{R} + \frac{1}{n}\,\frac{R^n - x^n}{R^n}\right)}.$$

Da der absolute Wert $\dfrac{q}{\pi k H^2}\left(\ln\dfrac{x}{R}+\dfrac{1}{n}\dfrac{R^n-x^n}{R^n}\right)$ stets kleiner als 1 sein muß, damit $y$ reell bleibt, so kann die Wurzel in eine Reihe entwickelt werden, wodurch man, wenn die Glieder vom zweiten und höheren Grade vernachlässigt werden, erhält:

$$y = H\left[1 + \frac{q}{2\,\pi k H^2}\left(\ln\frac{x}{R}+\frac{1}{n}\,\frac{R^n-x^n}{R^n}\right)\right].$$

Durch die Reihenentwicklung erhält man einen etwas zu großen Wert für $y$, und zwar wird der Fehler in der Nähe des Brunnens am größten, weil mit abnehmendem $x$ der Ausdruck

$$\frac{q}{2\pi k H^2}\left(\ln\frac{x}{R}+\frac{1}{n}\,\frac{R^n-x^n}{R^n}\right),$$

absolut genommen, wächst, wodurch die vernachlässigten Glieder höherer Ordnung einen größeren Einfluß gewinnen. Ein Volumenfehler in Brunnennähe spielt jedoch im Hinblick auf den großen Inhalt des Absenkungstrichters für die praktisch vorkommenden Reichweiten keine große Rolle. Der Fehler wird überdies zum Teil dadurch wieder aufgehoben, daß die · Absenkungskurve in Brunnennähe ohnedies flacher verläuft, als es die Absenkungsgleichung angibt, da das Darcysche Gesetz für die dort auftretenden Geschwindigkeiten keine Gültigkeit mehr hat.

Setzt man nunmehr

$$\left(\frac{x}{R}\right)^2 = u$$

und dementsprechend

$$2x\,dx = R^2\,du$$

und führt man dann den für $y$ gefundenen Wert in die Gleichung für $V'$ ein, so erhält man

$$V' = \pi R^2 H \int_{\frac{r^2}{R^2}}^{\frac{R^2}{R^2}} \left[1 + \frac{q}{4\pi k H^2}\ln u + \frac{q}{2n\,\pi k H^2} - \frac{q}{2n\,\pi k H^2}\sqrt{u^n}\right] du.$$

Durch Integration ergibt sich hieraus:

$$V' = \pi R^2 H \left(1 + \frac{q}{2n\,\pi k H^2} - \frac{q}{4\pi k H^2} - \frac{q}{n(n+2)\,\pi k H^2} - \frac{r^2}{R^2}\right.$$

$$- \frac{q}{2n\,\pi k H^2}\frac{r^2}{R^2} - \frac{q}{4\pi k H^2}\frac{r^2}{R^2}\ln\frac{r^2}{R^2} + \frac{r^2}{R^2}\frac{q}{4\pi k H^2}$$

$$\left.+ \frac{q}{n(n+2)\,\pi k H^2}\cdot\frac{r^{n+2}}{R^{n+2}}\right).$$

Alle Glieder mit dem Faktor $\frac{r}{R}$ können wegen ihrer Kleinheit unbedenklich vernachlässigt werden, da auch der Wert $\ln \frac{r^2}{R^2}$ absolut genommen stets einen nicht zu hohen Wert annimmt.

Demnach wird:

$$V' = \pi R^2 H \left( 1 + \frac{q}{2n\pi k H^2} - \frac{q}{4\pi k H^2} - \frac{q}{n(n+2)\pi k H^2} \right).$$

Der Inhalt des Absenkungstrichters ist nun

$$V = \pi R^2 H - V',$$

oder, wenn man den für $V'$ gefundenen Ausdruck einsetzt,

$$V = \frac{q}{\pi k H^2} \left( \frac{1}{4} + \frac{1}{n(n+2)} - \frac{1}{2n} \right) \cdot \pi R^2 H$$

$$V = \frac{n}{4(n+2)} \frac{q R^2}{k H} . \tag{6}$$

Wie weiter oben gezeigt wurde, ist für den Fall, daß der ungesenkte Grundwasserspiegel horizontal verläuft,

$$\beta V = \int_0^T q\, dt . \tag{2}$$

Setzt man in diese Gleichung den für $V$ ermittelten Wert ein, so erhält man

$$\frac{n \beta q R^2}{4(n+2) k H} = \int_0^T q\, dt \tag{7}$$

als Beziehung zwischen der Reichweite eines Einzelbrunnens und der Entnahmezeit. Auch $q$ ist als Funktion der Zeit einzusetzen, und auf der linken Seite der Formel bezeichnet $q$ demgemäß die Entnahme zur Zeit $T$. Voraussetzung für die Gültigkeit des Gesetzes ist, daß die Funktion $q = f(t)$ stetig verläuft, da nach einem starken Sprung in der Entnahme erst einige Zeit verstreichen müßte, ehe das Gleichgewicht in der Absenkung wieder hergestellt wäre. Man würde also ein falsches Ergebnis erhalten, wenn kurz vor dem Zeitpunkt $T$ die Wassermenge von $q_1$ auf $q_2$ gestiegen wäre und man in die linke Seite der Formel $q_2$ als Entnahmemenge einsetzen würde.

Der einfachste vorkommende Fall ist der, daß die Entnahmemenge $q$ konstant ist. Dann wird

$$\int_0^T q\, dt = q T$$

und damit

$$R = \sqrt{\frac{4(n+2)}{n} \frac{H k T}{\beta}} . \tag{8}$$

In dieser Formel ist noch der Wert $n$ unbestimmt. Er übt allerdings auf die Reichweite $R$ insofern einen geringen Einfluß aus, als der Wert $\sqrt{\dfrac{4\,(n+2)}{n}}$ nur von 3,5 bis 2,0 fällt, wenn $n$ von 1 bis unendlich wächst.

Betrachtet man den Verlauf einer Absenkung näher, so wird man finden, daß in der ersten Zeit derselben der Grundwasserspiegel in der Zeiteinheit um einen Betrag $\Delta y$ fällt, der am Brunnenmantel am größten ist und gegen die Reichweitengrenze hin bis 0 abnimmt. Im späteren Verlauf der Absenkung ändert sich dies immer mehr dahin, daß der Senkungsbetrag in der Zeiteinheit $y$ an allen Punkten annähernd gleich wird, oder daß die Absenkung sich diesem Zustand asymptotisch

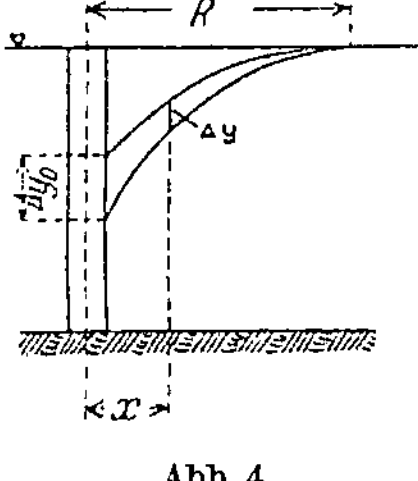

Abb. 3.

nähert (s. Abb. 3). Von der auf S. 4 bereits erwähnten Tagwasserhaltung ist z. B. der Verlauf der Absenkungskurven zu verschiedenen Zeiten genau ermittelt worden. Auf der von Keilhack davon hergestellten Aufzeichnung[1] ist dieser Verlauf, insbesondere die im späteren Stadium auftretende Parallelverschiebung ebenfalls deutlich zu ersehen. Es soll nun untersucht werden, wie groß $n$ für diese verschiedenen Absenkungsänderungen wird.

In nebenstehender Abb. 4 sind zwei unmittelbar aufeinanderfolgende Absenkungszustände, wie sie in der ersten Absenkungszeit auftreten, aufgetragen. Bezeichnet $\Delta y_0$ den Zuwachs der Absenkung am Brunnen, so kann man annehmen, daß in der ersten Zeit der Entnahme die augenblickliche Senkung nach dem Gesetz erfolgt

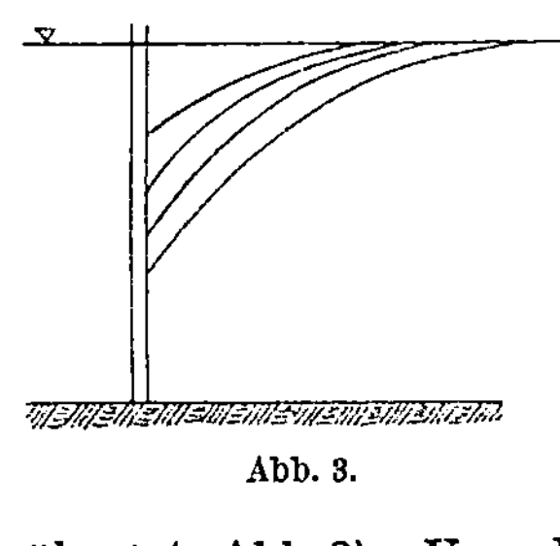

Abb. 4.

$$\Delta y = \left(1 - \frac{x}{R}\right)\Delta y_0\,.$$

Die infolge dieser Senkung durch den Zylindermantel mit dem Radius $x$ strömende Wassermenge ist dann

$$q_x = + \int\limits_x^R \Delta y \cdot 2\pi x\,dx = 2\pi\int\limits_x^R \Delta y_0\left(1 - \frac{x}{R}\right)x\,dx\,.$$

---

[1] Keilhack: Grundwasser- und Quellenkunde. S. 229. Berlin 1917.

Durch Integration findet man

$$q_x = +\pi\left[x^2 - \frac{2}{3}\frac{x^3}{R}\right]_x^R \varDelta y_0 = \left(\frac{\pi R^2}{3} - \pi x^2 + \frac{2}{3}\pi\frac{x^3}{R}\right)\varDelta y_0.$$

Da die in den Brunnen eintretende Wassermenge $q = \dfrac{\pi R^2}{3}\varDelta y_0$ ist, wie es sich für $x = 0$ ergibt, so kann man das Gesetz für den Wasserdurchfluß durch die einzelnen Querschnitte auch schreiben

$$q_x = q\left(1 - \frac{3x^2}{R^2} + 2\frac{x^3}{R^3}\right).$$

Für die im Grenzfalle des späteren Verlaufs der Absenkung sich allmählich einstellende Parallelverschiebung (Abb. 5) lautet das Gesetz für die augenblickliche Senkung

$$\varDelta y = \varDelta y_0.$$

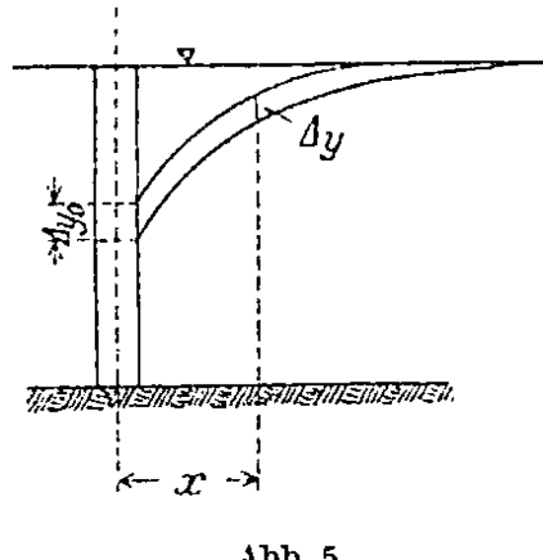
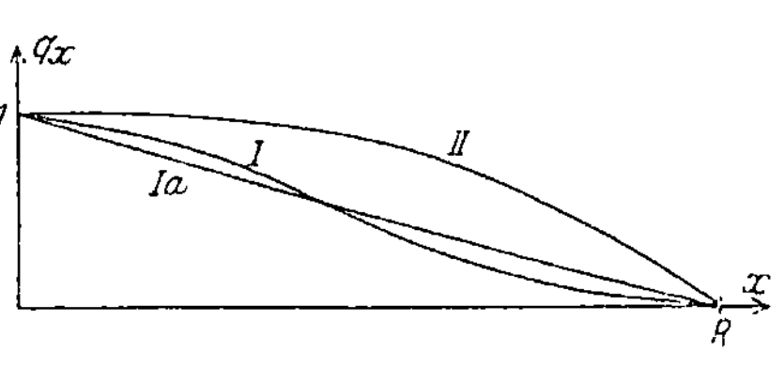

Abb. 5.                       Abb. 6.

Es wird damit

$$q_x = \int_x^R \varDelta y \cdot 2\pi x\,dx = \pi\varDelta y_0\,(R^2 - x^2).$$

Die Wassermenge $q$ ermittelt sich für $x = 0$ zu $\pi\varDelta y_0 R^2$, so daß man erhält:

$$q_x = q\left(1 - \frac{x^2}{R^2}\right).$$

In dem Koordinatensystem der Abb. 6 ist unter I der Verlauf der Funktion

$$q_x = q\left(1 - \frac{3x^2}{R^2} + 2\frac{x^3}{R^3}\right)$$

und unter II der Verlauf der Funktion

$$q_x = q\left(1 - \frac{x^2}{R^2}\right)$$

für das Intervall von $x = 0$ bis $x = R$ aufgetragen.

Wie daraus ersichtlich, kann man die Kurve I mit großer Annäherung durch die Gerade I a ersetzen, deren Gleichung lautet:

$$q_x = q\left(1 - \frac{x}{R}\right).$$

Der in dem allgemeinen Durchflußgesetz

$$q_x = q\left[1 - \left(\frac{x}{R}\right)^n\right]$$

auftretende Exponent $n$ hat also für den Absenkungsverlauf nach Abb. 4 die Größe 1 und für den Verlauf nach Abb. 5 die Größe 2. $n$ läßt sich also als eine Funktion der Zeit definieren, welche praktisch im Verlauf der Entnahme vom Wert 1 allmählich bis zum Wert 2 ansteigt.

Bezeichnet man in der Reichweitenformel den Faktor $\dfrac{4(n+2)}{n}$ mit $c^2$, so kann man dieselbe schreiben:

$$R = c\sqrt{\frac{HkT}{\beta}}. \tag{9}$$

Entsprechend $n$ geht $c$ hier allmählich von $\sqrt{12}$ nach $\sqrt{8}$, d. h. es bewegt sich zwischen den engen Grenzen 3,46 und 2,82. Je nach der kürzeren oder längeren Dauer der Absenkung kann man demnach $c$ etwas höher oder niedriger innerhalb dieser Grenzen annehmen. Praktisch genügt es jedoch vollkommen, wenn man den Mittelwert $c = 3$ einführt, so daß man setzt

$$R = 3\sqrt{\frac{HkT}{\beta}}. \tag{10}$$

Ebenso wird es meist genügend genau sein, wenn man in der Absenkungsgleichung (5) $n = 2$ setzt.

4. **Einfluß der einzelnen Größen auf die Reichweite.** Die Reichweite $R$ der Absenkung durch einen Einzelbrunnen wächst nach der abgeleiteten Formel unter sonst gleichen Bedingungen wie die Quadratwurzel aus der Absenkungszeit. Ein größerer $k$-Wert oder eine größere Brunnentiefe bedingen eine größere Reichweite, während ein größerer Hohlrauminhalt eine kürzere Reichweite hervorruft.

Die entnommene Wassermenge $q$ hat nach der obigen Formel keinen Einfluß auf die Reichweite. Dieser Einfluß hätte sich erst in den bei der Ableitung vernachlässigten Gliedern höherer Ordnung gezeigt. Dies bedeutet, daß die Größe der Entnahmemenge bei konstanter Entnahme sich hauptsächlich nur in der erreichten Absenkungstiefe zeigt, dagegen auf die Größe der Reichweite keine nennenswerte Wirkung ausübt.

Für den in den Reichweitenformeln auftretenden Wert $\beta$, der das Verhältnis des Porenvolumens zum Gesamtvolumen für den betreffenden Untergrund angibt, liegen bereits zahlreiche experimentell gewonnene Werte für die verschiedenen Bodenarten vor, die in der Fachliteratur veröffentlicht sind[1]. Ebenso sind dort Verfahren beschrieben, wie man den Wert $\beta$ bestimmen kann, so daß hier nicht näher darauf eingegangen zu werden braucht.

Günstig für die Rechnung ist es, daß $\beta$ für die praktisch in Frage kommenden Bodenarten innerhalb ziemlich enger Grenzen bleibt. So ist nach **Wintgens**[2] der Wert $\beta$ für

| | | | |
|---|---|---|---|
| groben Flußsand | | | 0,14—0,25 |
| Mittelkies, Durchmesser | 7 | mm | 0,37 |
| Feinkies, | „ | 4 „ | 0,36 |
| Grobsand, | „ | 2 „ | 0,36 |
| Mittelsand, | „ | 1 „ | 0,40 |
| Feinsand, | „ | $^1\!/_3$ „ | 0,42. |

Berücksichtigt man, daß wie vorher $R$, so jetzt $\beta$ als logarithmus naturalis in die Absenkungsgleichung eingeht, so geht daraus hervor, daß $\beta$ stets mit ausreichender Genauigkeit ermittelt, bzw. geschätzt werden kann.

**5. Beispiel.** An einem Beispiel sei gezeigt, wie nach den bisherigen Untersuchungen eine Absenkung durch einen Einzelbrunnen sich in ihrem Verlaufe darstellt.

Es sei:

$$H = 10 \text{ m}$$
$$r = 0,10 \text{ m}$$
$$k = 0,001 \text{ m/sek}$$
$$q = 20 \text{ l/sek} = 0,02 \text{ m}^3/\text{sek}$$
$$\beta = 0,3.$$

Man erhält mit diesen Werten, wenn man $c = 3$ annimmt,

$$R = 3 \sqrt{\frac{10 \cdot 0,001\, T}{0,3}} = \sqrt{0,3\, T}$$

und, wenn unter $T$ die Zeit in Tagen statt in Sekunden verstanden werden soll:

$$R = 161 \sqrt{T}.$$

Es ergibt sich unter Einsetzung des so gefundenen Wertes für

---

[1] **Prinz**: Handbuch der Hydrologie, S. 138 ff. Berlin: Julius Springer 1919. **Keilhack**: Lehrbuch der Grundwasser- und Quellenkunde, S. 113 ff. Berlin 1917.

[2] **Keilhack**: a. a. O. S. 115.

die Reichweite und für $n = 2$ der Wasserstand unmittelbar am Brunnen zu

$$h = \sqrt{100 - 6{,}37\left(\ln R - \frac{R^2 - 0{,}01}{2\,R^2} + 2{,}30\right)}$$

und der Wasserstand im Abstande $x$ von der Brunnenachse zu

$$y = \sqrt{100 - 6{,}37\left(\ln\frac{R}{x} - \frac{R^2 - x^2}{2\,R^2}\right)}\,.$$

In Abb. 7 ist der Verlauf von $R$, $h$ und $y$ für $x = 10$ m mit zunehmender Zeit dargestellt worden. Auch aus diesen Kurven ist ersichtlich, daß ein wirklicher Beharrungszustand nicht eintritt, solange sich keine äußeren Einflüsse bemerkbar machen,

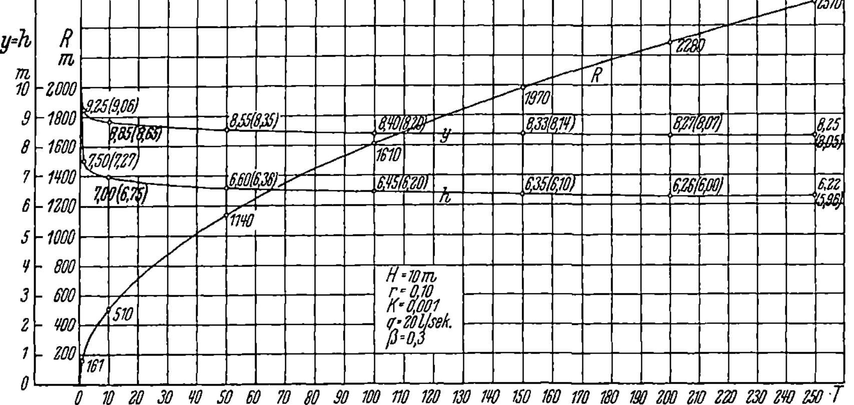


Abb. 7. Zeitlicher Verlauf von Reichweite und Absenkung.

wie sie etwa offene Wasserläufe oder Grundwasserströme, undurchlässige Schichten oder große Niederschlagsgebiete darstellen. Ein Beharrungszustand tritt nur insofern auf, als von einem gewissen Zeitpunkt ab, in unserem Beispiel etwa vom zehnten Tage an, die Absenkung nur noch sehr langsam fortschreitet, so daß der weitere Fortschritt praktisch bedeutungslos ist. Im Gegensatz zur Absenkung wächst die Reichweite jedoch noch längere Zeit hindurch in merkbarem Maße. An der $y$- bzw. $h$-Kurve sind ferner in Klammern die Wasserstände angegeben, wie sie sich unter Zugrundelegung der Thiemschen Brunnenformel, aber sonst bei gleicher Reichweite ergeben. Wie schon früher angedeutet, ist auch daraus zu ersehen, daß sich mit Hilfe der Thiemschen Formel eine etwas größere Absenkungstiefe errechnet, daß der Unterschied jedoch mit wachsender Entfernung vom Brunnen kleiner wird.

**6. Die Reichweite bei veränderlicher Entnahmemenge.** Ist die Entnahmemenge $q$ nicht konstant, sondern stellt sie eine bekannte und stetige Funktion der Zeit dar, so erhält man die Reichweite aus der Gleichung

$$\frac{\beta R^2 q_T}{c^2 k H} = \int_0^T q\, dt \tag{7}$$

zu

$$R = c \sqrt{\frac{H k}{\beta} \cdot \int_0^T \frac{q\, dt}{q_T}}\,. \tag{11}$$

Bei Absenkungsanlagen verläuft die Entnahme in der Regel so, daß im Anfang etwas mehr Wasser gepumpt wird als im späteren Verlauf, und zwar ändert sich meist die Entnahmemenge angenähert nach einem hyperbolischen Gesetz.

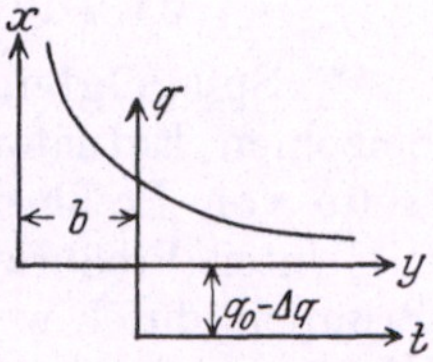

In Abb. 8 ist für ein Koordinatensystem mit den Ordinaten $x$ und $y$ die Hyperbel

$$x = \frac{c}{y}$$

gezeichnet. Legt man parallel zu diesem System ein neues mit den Ordinaten $q$ und $t$,

Abb. 8.

wie in der Abb. 8 angegeben, so gilt für die Hyperbel mit Bezug auf das neue System die Gleichung

$$q = q_0 + \frac{c}{t+b} - \frac{c}{b}\,.$$

In sehr vielen Fällen wird die Entnahme angenähert nach diesem Gesetz verlaufen. Es stellt $q_0 - \varDelta q$ dann die Menge dar, der sich die Entnahme mit wachsender Zeit allmählich nähert und $\frac{c}{b}$ die Differenz $\varDelta q$ zwischen der anfänglichen Entnahmemenge und der Menge zur Zeit $t = \infty$. $c$ und $b$ sind Werte, die aus den Erfahrungen der Praxis zu gewinnen sind.

Mit diesem Zeitgesetz für die Entnahme würde sich die Reichweite zur Zeit $T$ zu

$$R = c \sqrt{\frac{k H}{\beta} \cdot \frac{(q_0 - \varDelta q)\, T + c\,[\ln(T+b) - \ln b]}{q_0 - \varDelta q + \dfrac{c}{T+b}}} \tag{12}$$

ergeben. Auch diese Formel zeigt, daß $R$ nur wenig von $q$ abhängt.

Für die Bedürfnisse der Praxis genügt es, wenn zum Ausgleich der Mehrentnahme zu Beginn der Absenkung die Absenkung als etwas länger während angenommen wird und zu diesem Zweck in der Formel

$$R = c \sqrt{\frac{HkT}{\beta}} \tag{9}$$

die Zeit $T$ mit einem kleinen Zuschlag eingeführt wird.

Sehr einfach gestaltet sich die Bestimmung von

$$\int_0^T q\, dt$$

für Probeabsenkungsanlagen, da bei diesen die Fördermenge $q$ ständig gemessen wird und daher die Gesamtentnahmemenge bis zum Zeitpunkt $T$ stets bekannt ist.

## d) Die Reichweite von Preßbrunnen.

1. **Spiegelgleichung und Reichweite.** Im Anschluß an den einzelnen Entnahmebrunnen sei hier noch kurz auf die Reichweite von Preßbrunnen eingegangen.

Unter Preßbrunnen versteht man in der Absenkungstechnik Brunnen, durch welche dem Untergrunde Wasser auf künstlichem Wege zugeführt wird, um eine Hebung des vorhandenen Grundwasserspiegels zu bewirken. Auf diese Weise kann man die Reichweite von Absenkungsanlagen räumlich begrenzen für alle die Fälle, wo zu ausgedehnte Absenkungen Schäden an Wasserversorgungsanlagen oder bestehenden Gebäudefundamenten anrichten würden, oder wo wichtigen Kulturländereien dadurch die notwendige Bodenfeuchtigkeit entzogen werden würde. Schließlich können Preßbrunnen auch zur Bestimmung des $k$-Wertes aus der Wassermenge, die der Untergrund aufzunehmen vermag, und aus der Erhöhung des natürlichen Grundwasserspiegels infolge der Wasserzufuhr Verwendung finden.

Besonders für Entwürfe von Preßbrunnenanlagen für die erstgenannten Zwecke ist die Kenntnis der zu erzielenden Reichweite von Wichtigkeit.

Es läßt sich leicht nachweisen, daß auch für Preßbrunnen unter Zugrundelegung des Durchflußgesetzes

$$q_x = q\left[1 - \left(\frac{x}{R}\right)^n\right]$$

dieselben Gleichungen wie für einen Senkbrunnen gelten, nur muß der Wert $q$ negativ eingeführt werden. Es ist jedoch folgendes zu beachten:

Für die Bestimmung der Reichweite ergibt sich mit den Be-

zeichnungen der Abb. 9 auf demselben Wege wie beim Senkbrunnen

$$y = H\sqrt{1 + \frac{q}{\pi k H^2}\left(\ln\frac{x}{R} + \frac{1}{n}\frac{R^n - x^n}{R^n}\right)},$$

wo $q$ und $\ln\frac{x}{R}$ negativ sind.

Wird der Wert für $y$ in eine Reihe entwickelt, so erhält man

$$y = H\left[1 + \frac{q}{2\pi k H^2}\left(\ln\frac{x}{R} + \frac{1}{n}\frac{R^n - x^n}{R^n}\right) + \cdots\right].$$

Will man auf der rechten Seite die Glieder zweiter und
höherer Ordnung vernachlässigen, so muß der Wert

$$\frac{q}{2\pi k H^2}\left(\ln\frac{x}{R} + \frac{1}{n}\frac{R^n - x^n}{R^n}\right)$$

klein sein. Er wird am größten für
$y = h$, und da er für diesen Fall,
damit die Reihenentwicklung genügend genau bleibt, den Wert von
etwa 0,5 nicht überschreiten darf,
muß sein

$$h \lessgtr \sqrt{1,5}\, H$$
$$h \lessgtr 1,25\, H.$$

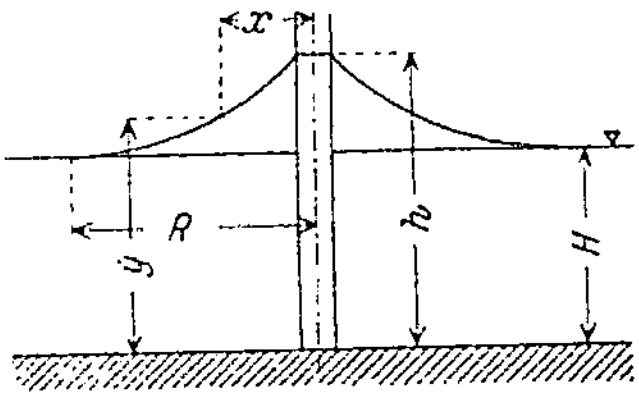

Abb. 9.

Unter dieser Bedingung, die meist erfüllt sein wird, läßt sich
die Ableitung der Reichweitenformel in gleicher Weise wie beim
einfachen Brunnen durchführen. Man erhält dann ebenfalls wie
vorher

$$\frac{\beta R^2 q_{T}}{c^2 k H} = \int_0^T q\, dt$$

und, wenn die Zufuhrmenge $q$ konstant ist, ist

$$R = c\sqrt{\frac{H k T}{\beta}}. \tag{9}$$

**2. Beispiel.** An einem Zahlenbeispiel soll die Anwendung der
Reichweitenformel für einen mittels eines Preßbrunnens durch-
geführten Probeversuch zur Bestimmung des $k$-Wertes erläutert
werden.

Der gebohrte Filterbrunnen hat einen Durchmesser von 20 cm
und steht 15 m tief im Grundwasser. Nachdem ihm 24 Stunden
lang eine sekundliche Wassermenge von 12 Litern zugeführt wurde,
ist der Grundwasserstand an der Außenseite des Filters um 55 cm
gestiegen. Das Verhältnis des Porenvolumens zum Gesamtvolumen
ist für den betreffenden Untergrund zu 0,3 festgestellt worden.

Für die Rechnung ist demnach:

$$H = 15 \text{ m}$$
$$r = 0,10 \text{ m}$$
$$q = -0,012 \text{ m}^3/\text{sek}$$
$$\beta = 0,3$$
$$h = 15,55$$
$$T = 24 \text{ Std.} = 86{,}400 \text{ sek.}$$

$c$ erhält hier, da die Auffüllung erst kurze Zeit andauert, den Wert 3,2 und $n$ den Wert 2. Setzt man diese Zahlenwerte in die Formel

$$R = 3{,}2 \sqrt{\frac{H k T}{\beta}}$$

ein, so erhält man für $R$ folgenden Ausdruck:

$$R = 6650 \sqrt{k}.$$

Führt man diesen in die Formel

$$q = \frac{\pi k (H^2 - h^2)}{\ln \dfrac{R}{x} - \dfrac{R^2 - r^2}{2 R^2}}$$

ein, so ergibt sich mit den obigen Zahlenwerten unter Vernachlässigung von $r$ für $k$ folgende Gleichung

$$53{,}5\, k = 0{,}006 \ln 1000\, k + 0{,}086.$$

Nach probeweisem Einsetzen verschiedener Werte für $k$ in diese Gleichung erhält man schließlich, wenn nötig durch Interpolation,

$$k = 0{,}0016 \text{ m/sek.}$$

Praktisch wird man für $h$ natürlich nicht nur eine Messung, sondern möglichst viele in kurzen Zeitabständen durchführen und aus jeder derselben den $k$-Wert ermitteln. Aus den so erhaltenen $k$-Werten wird dann das Mittel gebildet. Der Wasserstand $h$ ist stets in einem unmittelbar außerhalb des Brunnens angebrachten Peilrohr zu messen und niemals im Brunnen selbst, da der Wasserstand im Brunnen sich von dem äußeren Wasserstand durch den Einfluß des Filterwiderstandes oft erheblich unterscheidet. Da für den Wasserstand in unmittelbarer Brunnennähe die Berechnungsformeln nicht ganz zutreffen, ist es zu empfehlen, in einiger Entfernung vom Brunnen ein weiteres Beobachtungsrohr niederzubringen und für die dort gemessenen Wasserstände die Rechnung analog durchzuführen.

### e) Geschwindigkeit des Reichweitenvorschubs.

Es soll im Anschluß an die Ableitung der Reichweitenformel noch untersucht werden, wie groß die Geschwindigkeit $v_R$ ist, mit der die Reichweitengrenze vorwärtsschreitet. Es ist

$$v_R = \frac{dR}{dt} = \frac{d\,c\,\sqrt{\dfrac{H\,k\,t}{\beta}}}{dt}$$

$$v_R = \frac{c}{2\sqrt{\dfrac{H\,k\,t}{\beta}}} \cdot \frac{k\,H}{\beta}$$

$$v_R = \frac{c}{2}\sqrt{\frac{k\,H}{\beta\,t}} . \tag{13}$$

Entsprechend dem Umstande, daß die Formeln in unmittelbarer Brunnennähe ungenau sind, und daß für die Ableitung der Reich-

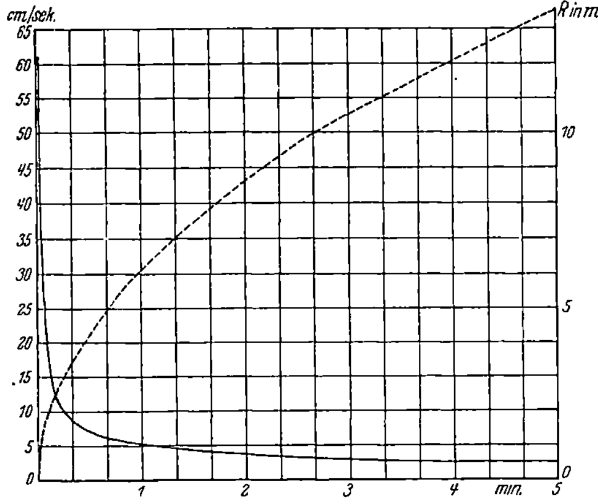


Abb. 10. Geschwindigkeit des Vorschubs der Reichweite.

weitenformel der Brunnenradius $r$ vernachlässigt wurde, ergibt sich für $v_R$ in den ersten Sekunden ein zu hoher Wert. Ist z. B.

$$H = 10 \text{ m}$$
$$k = 0{,}002 \text{ m/sek}$$
$$\beta = 0{,}3$$
$$c = 3$$

so wird

$$v_R = 0{,}39\sqrt{\frac{1}{t}} .$$

Es wird für

$$t = \ 0 \text{ sek:} \qquad v_R = \ \infty \ \text{m}, \qquad R = \ 0 \ \text{m}$$
$$t = \ 1 \quad \text{„}: \qquad v_R = 0{,}39 \quad \text{„} \qquad R = 0{,}78 \ \text{„}$$
$$t = \ 10 \quad \text{„}: \qquad v_R = 0{,}123 \quad \text{„} \qquad R = 2{,}47 \ \text{„}$$
$$t = \ 60 \quad \text{„}: \qquad v_R = 0{,}050 \quad \text{„} \qquad R = \ 6{,}04 \ \text{„}$$
$$t = 180 \quad \text{„}: \qquad v_R = 0{,}029 \quad \text{„} \qquad R = 10{,}46 \ \text{„}.$$

In Abb. 10 ist der Verlauf von $v_R$ und $R$ für dieses Zahlenbeispiel graphisch dargestellt worden. Es ist daraus ersichtlich, wie $v_R$ in den ersten Sekunden der Entnahme schnell abnimmt, aber schon nach kurzer Zeit einen im weiteren Verlauf nahezu konstant bleibenden Wert annimmt.

## f) Die Reichweite kreisförmiger Brunnenanlagen.

**1. Die Spiegelgleichung.** Für eine aus mehreren Brunnen bestehende Anlage ist von Forchheimer unter Zugrundelegung des Darcyschen Gesetzes und der Thiemschen Brunnenformel eine Absenkungsgleichung aufgestellt worden.

Diese lautet mit den schon bekannten Bezeichnungen

$$y^2 = H^2 - \frac{q_1}{\pi k}\ln\frac{R}{x_1} - \frac{q_2}{\pi k}\ln\frac{R}{x_2} - \frac{q_3}{\pi k}\ln\frac{R}{x_3} - \ \ldots \ - \frac{q_s}{\pi k}\ln\frac{R}{x_s}.$$

$R$ bezeichnet hierin die mittlere Entfernung der Reichweitengrenze vom Schwerpunkt der Anlage und unter $x_1,\ x_2,\ x_3 \ldots$ sind die einzelnen Brunnenabstände von dem Punkte, an welchem sich der Wasserstand $y$ eingestellt hat, zu verstehen.

Wird angenommen, daß aus allen $s$-Brunnen die gleiche Wassermenge $q$ entnommen wird, und wird $sq = Q$ gesetzt, so lautet die Forchheimersche Formel

$$y^2 = H^2 - \frac{q}{\pi k}\left(\ln R - \frac{1}{s}\ln x_1 x_2 x_3 \ldots x_s\right).$$

Sind sämtliche Brunnen der Anlage auf einem Kreise vom Radius $A$ angeordnet, so wird, wenn die Absenkung im Mittelpunkt des Kreises, die in der Mehrzahl aller Fälle die maßgebende für die Bestimmung der Anlage sein wird, betrachtet werden soll,

$$x_1 = x_2 = x_3 = \ldots = x_s = A.$$

Wird der Wasserstand in diesem Punkte mit $h$ bezeichnet, so läßt sich für diesen Fall die Absenkungsformel in folgender Form schreiben:

$$Q = \frac{\pi k\,(H^2 - h^2)}{\ln R - \ln A}.$$

Die Formel ist gleichlautend mit derjenigen für einen Einzelbrunnen (Ersatzbrunnen) vom Radius $A$, dem die Wassermenge $Q$ l/sek entnommen wird.

Die Forchheimerschen Formeln gelten ebenso wie die Thiemsche Formel nur für einen Beharrungszustand, d. h. sie setzen voraus, daß das entnommene Wasser ständig von außerhalb der Reichweitengrenze her ersetzt wird. Es soll daher zunächst die für eine aus mehreren Brunnen bestehende Anlage vor Eintritt des Beharrungszustandes geltende Gleichung ermittelt werden.

Unter Zugrundelegung des Durchflußgesetzes

$$q_x = q\left[1 - \left(\frac{x}{R}\right)^n\right] \tag{3}$$

ergab sich durch Integration für einen Einzelbrunnen die Gleichung

$$\pi k y^2 = q\left(\ln x - \frac{1}{n}\frac{x^n}{R^n}\right) + C . \tag{4}$$

Die Integrationskonstante kann man, abweichend von früher auch aus der Bedingung ermitteln, daß für $x = r$  $y = h$ sein muß. Man erhält dann für einen Einzelbrunnen

$$y^2 - h^2 = \frac{q}{\pi k}\left(\ln\frac{x}{r} - \frac{1}{n}\frac{x^n - r^n}{R^n}\right) . \tag{14}$$

Sind $s$ Brunnen vorhanden, deren Senkungsspiegel, jeder einzelne für sich betrachtet, dieser Gleichung genügen würde, so lautet, wie Forchheimer[1] allgemein nachgewiesen hat, die resultierende Spiegelgleichung

$$y^2 - h_0^2 = \frac{sq}{\pi k}\left(\frac{1}{s}\ln x_1 x_2 x_3 \ldots x_s - \ln r - \frac{1}{ns}\frac{x_1^n + x_2^n + x_3^n + \ldots + x_s^n}{R^n} + \frac{1}{n}\frac{r^n}{R^n}\right). \tag{15}$$

$h_0$ bedeutet hierin den Wasserstand, der sich in einem Einzelbrunnen im Falle der Entnahme der Menge $sq$ aus ihm einstellen würde.

Für $x = R$ wird $y = H$ und man erhält

$$H^2 - h_0^2 = \frac{sq}{\pi k}\left(\ln R - \ln r - \frac{1}{n}\frac{R^n}{R^n} + \frac{1}{n}\frac{r^n}{R^n}\right). \tag{16}$$

Subtrahiert man die letzten beiden Gleichungen voneinander und setzt man $sq = Q$, so ergibt sich

$$H^2 - y^2 = \frac{Q}{\pi k}\left(\ln R - \frac{1}{s}\ln x_1 x_2 x_3 \ldots x_s - \frac{s R^n - x_1^n - x_2^n - \ldots - x_s^n}{n s R^n}\right). \tag{17}$$

Diese Formel gilt ganz allgemein für eine beliebige Brunnenanordnung. Für den einfachen aber wichtigen Fall, daß der Wasser-

---

[1] Vgl. Kyrieleis, a. a. O. S. 23.

stand $h$ im Mittelpunkt einer kreisförmigen Anlage vom Radius $A$ bestimmt werden soll, wird

$$x_1 = x_2 = x_3 = \ldots = x_s = A$$

und damit

$$H^2 - h^2 = \frac{Q}{\pi k}\left(\ln\frac{R}{A} - \frac{1}{n}\frac{R^n - A^n}{R^n}\right). \tag{18}$$

Auch hier ist, wie bei Forchheimer, die Formel gleichlautend mit der für einen Einzelbrunnen vom Radius $A$, dem die Wassermenge $Q$ entnommen wird.

**2. Die Reichweite.** Für einen Punkt des Senkungsspiegels außerhalb der kreisförmigen Brunnenanordnung gilt die Gleichung

$$H^2 - y^2 = \frac{Q}{\pi k}\left(\ln R - \frac{1}{s}\ln x_1 x_2 x_3 \ldots x_s - \frac{s R^n - x_1^n - x_2^n - \ldots - x_s^n}{n s R}\right). \tag{17}$$

Hierin läßt sich der Ausdruck $\frac{1}{s}\ln x_1 x_2 x_3 \ldots x_s$ auch schreiben $\ln\sqrt[s]{x_1 x_2 x_3 \ldots x_s}$.

Je weiter nun der betrachtete Punkt vom Kreismittelpunkt entfernt liegt, desto genauer gilt

$$\sqrt[s]{x_1 x_2 x_3 \ldots x_s} = x'$$

und

$$x_1^n + x_2^n + x_3^n + \ldots + x_s^n = s x'^n,$$

wo $x'$ den Abstand des Punktes vom Kreismittelpunkt bedeutet.

Daraus folgt, daß auch die außerhalb des Brunnenkranzes hervorgerufene Absenkung, wenn man von der Zone in unmittelbarer Brunnennähe absieht, genau so verläuft, wie die durch einen Einzelbrunnen vom Radius $A$ bei gleicher Wasserentnahme erzielte Absenkung. Sie unterscheidet sich von der letzteren im wesentlichen nur dadurch, daß sich um jeden Einzelbrunnen der Anlage herum noch ein kleiner besonderer Senkungstrichter bildet. Unter Vernachlässigung des unbedeutenden Rauminhalts dieser einzelnen Senkungstrichter kann die Reichweite als ebenso groß wie bei einem Einzelbrunnen vom Radius $A$ angesehen werden. Die für den Einzelbrunnen bereits abgeleitete Reichweitenformel kann hier jedoch nur als erste Annäherung gelten, da bei der Ableitung die Größe des Brunnenradius vernachlässigt wurde, was bei der Größe, die $A$ erreichen kann, nicht mehr ohne weiteres zulässig ist. Es soll deshalb der Einfluß des Radius $A$ ermittelt werden.

Das Durchflußgesetz 3) muß hier, da bereits durch die Wandung des Kreiszylinders vom Radius $A$ die volle Entnahmemenge $q$ hindurch strömt, wie folgt geschrieben werden:

$$q_x = q\left(1 - \frac{x^n - A^n}{R^n - A^n}\right) = q\,\frac{R^n - x^n}{R^n - A^n}. \qquad (19)$$

Unter Zugrundelegung dieses Gesetzes erhält man, wenn man wie früher vorgeht, die Absenkungsgleichung

$$H^2 - y^2 = \frac{q}{\pi k}\left(\frac{R^n}{R^n - A^n}\ln R - \frac{R^n}{R^n - A^n}\ln x - \frac{1}{n}\frac{R^n - x^n}{R^n - A^n}\right). \qquad (20)$$

Hieraus errechnet sich durch Reihenentwicklung· wie früher

$$y = H\left[1 + \frac{q}{2\pi k H^2}\left(\frac{R^n}{R^n - A^n}\ln\frac{x}{R} + \frac{1}{n}\frac{R^n - x^n}{R^n - A^n}\right)\right].$$

Nun ist

$$V' = 2\pi \int_{x=A}^{x=R} xy\,dx.$$

Setzt man hierin den Wert für $y$ ein und substituiert man wie früher

$$u = \frac{x^2}{R^2},$$

so wird nach Ausführung der Integration:

$$V' = \pi R^2 H\left[\left(1 + \frac{q}{2n\pi k H^2}\frac{R^n}{R^n - A^n}\right)u + u\,\frac{q}{4\pi k H^2}\frac{R^n}{R^n - A^n}(\ln u - 1)\right.$$

$$\left. - \frac{q}{\pi n(n+2)k H^2}\frac{R^n}{R^n - A^n}u^{\frac{n+2}{2}}\right]_{u=\frac{A^2}{R^2}}^{\frac{R^2}{R^2}}.$$

Nach Einführung der Grenzen wird:

$$V' = \pi R^2 H\left[1 + \frac{q}{2n\pi k H^2}\frac{R^n}{R^n - A^n} - \frac{q}{4\pi k H^2}\frac{R^n}{R^n - A^n}\right.$$

$$- \frac{q}{\pi n(n+2)k H^2}\frac{R^n}{R^n - A^n}\frac{A^2}{R^2} - \frac{q}{2n\pi k H^2}\frac{R^n}{R^n - A^n}\frac{A^2}{R^2}$$

$$- \frac{A^2}{R^2}\frac{q}{2\pi k H^2}\frac{R^n}{R^n - A^n}\ln\frac{A}{R} + \frac{A^2}{R^2}\frac{q}{4\pi k H^2}\frac{R^n}{R^n - A^n}$$

$$\left. + \frac{q}{\pi n(n+2)k H^2}\frac{R^n}{R^n - A^n}\frac{A^{n+2}}{R^{n+2}}\right].$$

Nach Abb. 11 ist der leergepumpte Trichterraum

$$V = \pi R^2 H - V' - \pi A^2 h.$$

Setzt man für $V'$ den gefundenen Wert ein, so wird:

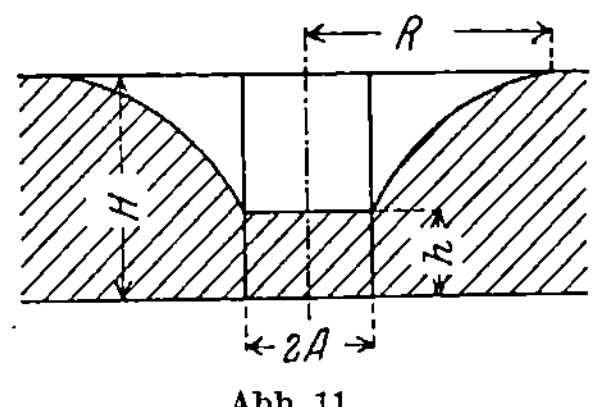


Abb. 11.

$$V = \frac{q R^2}{k H} \frac{R^n}{R^n - A^n} \left( \frac{1}{4} + \frac{1}{n(n+2)} - \frac{1}{2n} \right) - \pi A^2 h$$

$$+ \pi H A^2 \left( 1 + \frac{q}{2\pi k H^2} \frac{R^n}{R^n - A^n} \ln \frac{A}{R} + \frac{q}{2n\pi k H^2} \frac{R^n}{R^n - A^n} \right.$$

$$\left. - \frac{q}{4\pi k H^2} \frac{R^n}{R^n - A^n} - \frac{q}{\pi n(n+2) k H^2} \frac{R^n A^n}{(R^n - A^n) R^n} \right).$$

Unter Berücksichtigung, daß:

$$1 + \frac{q}{2\pi k H^2} \frac{R^n}{R^n - A^n} \ln \frac{A}{R} + \frac{q}{2n\pi k H^2} \frac{R^n}{R^n - A^n} = \frac{h}{H}$$

$$+ \frac{q}{2n\pi k H^2} \frac{A^n}{R^n - A^n}$$

ist, wird

$$V = \frac{q R^2}{k H} \frac{R^n}{R^n - A^n} \left( \frac{1}{4} + \frac{1}{n(n+2)} - \frac{1}{2n} \right)$$

$$- \frac{q A^2}{k H} \frac{R^n}{R^n - A^n} \left( \frac{1}{4} - \frac{1}{2(n+2)} \frac{A^n}{R^n} \right).$$

Vernachlässigt man den gegenüber $\frac{1}{4}$ sehr kleinen Wert $\frac{1}{2(n+2)} \frac{A^n}{R}$, so erhält man:

$$V = \frac{q}{k H} \frac{R^n}{R^n - A^n} \left[ \frac{n}{4(n+2)} R^2 - \frac{1}{4} A^2 \right].$$

Wie früher ist nun

$$\beta V = \int_0^T q \, dt, \tag{1}$$

und es wird, wenn $q$ konstant ist,

$$R = \sqrt{\left( \frac{4 H k T}{\beta} \frac{(R^n - A^n)}{R^n} + A^2 \right) \frac{n+2}{n}}. \tag{21}$$

In dieser Formel ist $n$ wieder die schon bekannte, von der Zeit abhängige Funktion, deren Wert zwischen 1 und 2 schwankt. Für größere Reichweiten ist $n = 2$. Dann wird

$$R = \sqrt{R_0^2 \left( 1 - \frac{A^2}{R^2} \right) + 2 A^2},$$

wo unter $R_0$ die Größe der Reichweite für einen Einzelbrunnen gemäß Gleichung 8) verstanden wird.

Ferner ist

$$R = \sqrt{R_0^2 + A^2}, \tag{22}$$

wenn unter der Wurzel angenähert $R = R_0$ gesetzt wird. Man ersieht aus den Formeln, daß die Größe von $A$ auf die Größe von $R$ einen nennenswerten Einfluß überhaupt nicht ausübt. $R_0$ ist ein genügend genauer Annäherungswert.

Aus der Gleichung folgt, daß die Reichweite unter sonst gleichen Verhältnissen und zur gleichen Zeit $T$ gemessen, mit zunehmendem $A$ wächst. Dies wird erklärlich, wenn man bedenkt, daß bei gleicher Entnahme $q$ die erzielte Absenkung umso kleiner ist, je größer $A$ wird. Da jedoch zu gleicher Zeit der gleiche Rauminhalt leergepumpt ist, so muß dafür die Reichweite größer werden.

Wie wenig sich $R$ von $R_0$ für die praktisch wichtigen Fälle unterscheidet, ersieht man daraus, daß nach der obigen Gleichung, wenn $R = 2A$ ist,

$$R = 1{,}12\, R_0$$

wird.

Ist $R = 10\,A$, so wird

$$R = 1{,}005\, R_0\,.$$

**3. Näherungsgleichung für nicht kreisförmige Anlagen.** Die Formeln für die Absenkung mittels einer kreisförmig angeordneten Brunnenanlage sind deshalb besonders wichtig, weil sie auch für quadratische und rechteckige Anordnungen eine schnell und einfach auszuführende Näherungsrechnung ermöglichen. Zu diesem Zweck wird die von dem Brunnen umschlossene Fläche $F$ in einen Kreis mit dem Radius $A$ verwandelt. Es ist dann

$$A = \sqrt{\frac{F}{\pi}}\,. \tag{23}$$

Nunmehr wird $A$ wie bei einer kreisförmigen Brunnenanlage in die betreffende Formel eingeführt, und man erhält in $h$ mit großer Annäherung den gesenkten Grundwasserstand für den Schwerpunkt der Brunnenanordnung.

Die auf diesem Wege errechnete Fördermenge $q$ ist etwas zu klein gegenüber der Menge, die man bei genauerer Rechnung ermittelt. Der Unterschied ist um so größer, je größer das Verhältnis der Länge zur Breite der von den Brunnen umschlossenen Baugrube ist. Für kleine und mittlere Anlagen ist das Ergebnis, das man erhält, jedoch völlig ausreichend, da die Absenkungsanlage ohnedies stets reichlich im Verhältnis zum Rechnungsergebnis bemessen werden muß, um eine genügende Sicherheit zu haben.

**4. Beispiel.** Im folgenden sei ein Zahlenbeispiel für die Anwendung der oben abgeleiteten Formeln gegeben. Es soll ein Schacht mittels Tiefbrunnenpumpen abgeteuft werden und in 10 Tagen soll eine Absenkung von 10 m erreicht werden. Es ist:

$$A = 6{,}0 \text{ m}$$
$$H = 25{,}0 \text{ m}$$
$$h = 15{,}0 \text{ m}.$$

Geschätzt wurde:

$$k = 0{,}0005 \text{ m/sek}$$
$$\beta = 0{,}25$$
$$c = 3{,}2$$
$$n = 2.$$

Die Entnahmemenge $Q$ ist unbekannt.
Angenähert ist die Reichweite

$$R_0 = c\sqrt{\frac{HkT}{\beta}},$$

$$R_0 = 3{,}2\sqrt{\frac{25 \times 0{,}0005 \times 10 \times 86{,}400}{0{,}25}} = 665 \text{ m}.$$

Die Entnahmemenge $Q$ ermittelt man nunmehr aus der Gleichung:

$$Q = \frac{nk(H^2 - h^2)}{\ln\dfrac{R}{A} - \dfrac{1}{n}\left(\dfrac{R^n - A^n}{R^n}\right)}$$

und man erhält:

$$Q = 0{,}150 \text{ m}^3/\text{sek}.$$

Führt man die gleiche Rechnung durch unter der Voraussetzung, daß die volle Absenkung erst in 30 Tagen erreicht sein soll, und setzt man für diesen Fall $c = 3{,}0$, so wird

$$R_0 = 1080 \text{ m}$$

und

$$Q = 0{,}134 \text{ m}^3/\text{sek}.$$

Es lassen sich im letzteren Fall unter Umständen Brunnen ersparen, und die Einführung der Reichweite als Funktion der Zeit gestattet somit für verschiedene zeitliche Möglichkeiten wirtschaftliche Vergleichsrechnungen anzustellen. Wären die Brunnen in einem Rechteck von z. B. $(9{,}5 \cdot 12{,}0)$ m² angeordnet, so würde zunächst errechnet:

$$A = \sqrt{\frac{F}{\pi}} = \sqrt{\frac{9{,}5 \cdot 12{,}0}{3{,}14}} = 6{,}0 \text{ m}$$

und dann wie vorher fortgefahren.

## g) Die Reichweite rechteckiger Anlagen.

**1. Die Reichweite.** Sind die Brunnen der Grundwasserabsenkungsanlage nicht kreisförmig oder quadratisch angeordnet, sondern ist die Anlage in langgestreckter Form aufgebaut, wie es z. B. bei Schleusenbauten der Fall ist, so haben die bisher für die Größe der Reichweite abgeleiteten Formeln keine genaue Gültigkeit mehr, und es soll daher noch dieser Fall näher untersucht werden. Ist erst die Reichweite bekannt, so bietet die Berechnung der Absenkung auch für den Fall, daß der Beharrungszustand noch nicht eingetreten ist, keine Schwierigkeit mehr, da dann die für eine beliebige Brunnenanordnung abgeleitete Gleichung (17) anwendbar ist.

Die rechnerische Ermittlung der Reichweite für langgestreckte Anlagen ist insofern nicht einfach, als die Form der Begrenzungslinie der Reichweite nach außen hin für diesen Fall schwierig zu ermitteln sein wird. Um zu einer einfachen und praktisch leicht anwendbaren Formel zu gelangen, ist es nötig, für die Gestalt der Grenzlinie eine mathematisch leicht zu fassende Näherungsform anzunehmen.

Es ist ohne weiteres klar, daß für eine quadratisch angeordnete Anlage die Gestalt der Reichweitengrenze, einen gleichförmigen Untergrund und ruhendes Grundwasser vorausgesetzt, schon nach kurzer Dauer der Absenkung sich nicht mehr von einem Kreise unterscheiden wird. Für eine unendlich lange Brunnenreihe wird die Begrenzungslinie um so mehr eine Gerade bilden, je weiter sie sich von der Brunnenreihe entfernt.

Für rechteckige Anlagen soll angenommen werden, daß die Grenzlinie der Reichweite, wie in der Abb. 12 dargestellt, sich aus zwei um die Punkte $A$ und $B$ beschriebenen Halbkreisen und den geraden Verbindungsstrecken $C_1 C_2$ und $C_3 C_4$ zusammensetzt. Je weiter die Reichweitengrenze nach außen rückt, desto mehr nähert

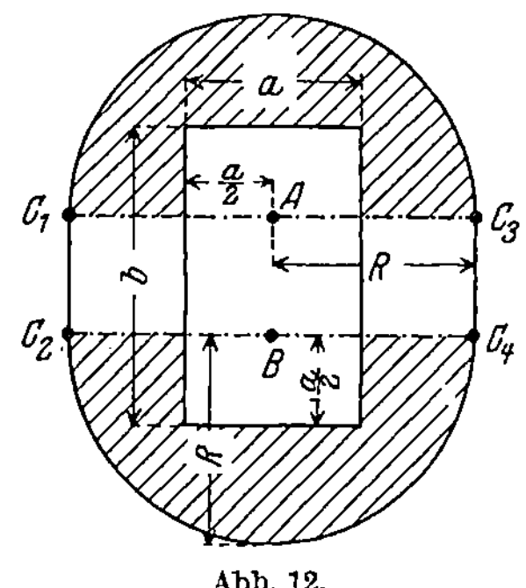

Abb. 12.

sich also die Form derselben einem Kreise, da das Verhältnis des größten zum kleinsten Durchmesser immer mehr dem Werte eins zustrebt. Dies stimmt auch mit der Wirklichkeit überein. Die genaue Form dürfte eine elliptische Kurve sein, deren Exzentrizität mit wachsendem $R$ abnimmt.

Unter der Reichweite $R$ wird sodann die kürzeste Entfernung vom Mittelpunkt der Baugrube bis zur Reichweitengrenze verstanden, die sich von der längsten um den Wert $\dfrac{b-a}{2}$ unterscheidet.

Der zu einem bestimmten Zeitpunkt leergepumpte Raum setzt sich aus den beiden gleichen Hälften des Körpers mit dem Volumen $V'$ zusammen, dessen Grundfläche in der Abb. 12 schraffiert ist, und aus dem beiderseitigen Raum $V_0$ in der Mitte der Längsseiten, der eine geradlinige Reichweitengrenze besitzt.

Als weitere vereinfachende Annahmen für die Rechnung seien diejenigen eingeführt, daß in der Rechnung statt der Einzelentfernungen eines beliebigen Punktes des Absenkungsbereiches von den einzelnen Brunnen die Entfernung des Punktes von der Baugrubenmitte gesetzt werden kann, und daß der Inhalt der einzelnen Brunnentrichter und der Wasserinhalt der eigentlichen Baugrube für die Bestimmung des leergepumpten Raumes vernachlässigt werden können. Wie schon aus den bisherigen Berechnungen hervorgeht, sind diese Annahmen, abgesehen von der allerersten Zeit des Absenkungsbetriebes, zulässig.

Unter diesen Bedingungen ist bereits aus der Ableitung der Reichweitenformel für einen Einzelbrunnen

$$V' = \frac{q\,R^2}{\varrho^2 k H}$$

bekannt.

Zur Berechnung des Volumens $V_0$ wird wie folgt vorgegangen:

Stellt die Abb. 13 einen Schnitt durch die Mitte der Baugrube senkrecht zur Längsachse derselben dar, so ist der Inhalt der in der Abb. 13 schraffierten Fläche:

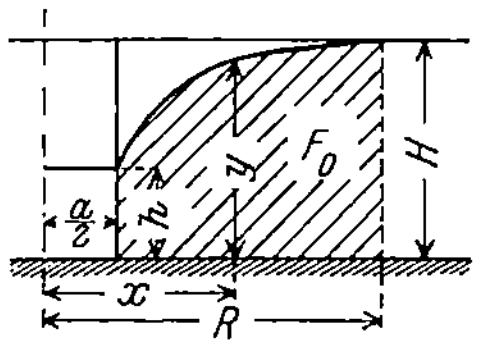

$$F_0 = \int\limits_{\frac{a}{2}}^{R} y\,dx.$$

Abb. 13.

Es ist bereits früher abgeleitet worden:

$$y = H\left[1 + \frac{q}{2\pi k H^2}\left(\ln\frac{x}{R} + \frac{1}{n}\frac{R^n - x^n}{R^n}\right)\right].$$

Setzt man diesen Wert in die Gleichung für $F_0$ ein, so erhält man nach Ausführung der Integration:

$$F_0 = H\left[x + \frac{q}{2\pi k H^2}\left(x\ln x - x - x\ln R + \frac{1}{R}x - \frac{1}{n(n+1)}\frac{x^{n+1}}{R^n}\right)\right]_{\frac{a}{2}}^{R}.$$

Nach Einsetzen der Grenzen ergibt sich, wenn man wieder wie früher die Glieder mit dem Faktor $\dfrac{a}{2}$ als unbedeutend vernachlässigt:

$$F_0 = HR\left[1 + \frac{q}{2\pi k H^2}\left(\frac{1}{n} - \frac{1}{n(n+1)} - 1\right)\right],$$

oder vereinfacht:

$$F_0 = HR\left(1 - \frac{q}{2\pi k H^2}\,\frac{n}{n+1}\right).$$

Es ist nun:

$$V_0 = 2\,(HR - F_0)\,(b - a).$$

Hieraus erhält man nach Einsetzen des Wertes für $F_0$:

$$V_0 = \frac{qR}{\pi k H}\,(b - a)\,\frac{n}{n+1},$$

so daß das Gesamtvolumen des leergepumpten Raumes wird:

$$V = V' + V_0 = \frac{qR^2}{c^2 k H} + (b - a)\frac{qR}{\pi k H}\,\frac{n}{n+1}.$$

Aus der Bedingung:

$$\beta V = \int\limits_0^T q\, dt \qquad\qquad (1)$$

errechnet sich nunmehr für den Fall, daß $q = \text{const.}$ ist:

$$T = \frac{\beta}{kH}\left(\frac{1}{c^2}\,R^2 + \frac{b-a}{\pi}\,R\,\frac{n}{n+1}\right),$$

oder umgewandelt

$$R^2 + \frac{c^2\,(b-a)\,n}{\pi\,(n+1)}\,R - \frac{c^2 H k T}{\beta} = 0.$$

und

$$R^2 + \frac{4\,(n+2)}{\pi\,(n+1)}\,(b-a)\,R - \frac{c^2 H k T}{\beta} = 0.$$

Nach $R$ aufgelöst, ergibt die letzte Gleichung:

$$R = -\frac{2\,(n+2)}{\pi\,(n+1)}\,(b-a) + \sqrt{\frac{c^2 H k T}{\beta} + \frac{4}{\pi^2}\cdot\frac{(n+2)}{(n+1)}\cdot(b-a)^2}. \qquad (24)$$

Da diese Formel für $R$ für die praktische Rechnung noch sehr umständlich ist, soll versucht werden, sie auf eine einfachere Form zu bringen.

Zur übersichtlicheren Durchführung der weiteren Rechnung wird gesetzt:

$$\frac{2\,(n+2)}{\pi\,(n+1)}\,(b-a) = \varepsilon$$

und

$$\frac{c^2 H k T}{\beta} = R_0^2.$$

$R_0$ bedeutet hier die Reichweite der Absenkung durch einen einfachen Brunnen unter sonst gleichen Verhältnissen. Es wird:

$$R = -\varepsilon + \sqrt{R_0^2 + \varepsilon^2}$$

oder

$$R = -\frac{\varepsilon}{R_0} R_0 + R_0 \sqrt{1 + \left(\frac{\varepsilon}{R_0}\right)^2}.$$

Entwickelt man die Wurzel in eine Reihe, was zulässig ist, da $\left(\frac{\varepsilon}{R_0}\right)^2 < 1$ ist, und ordnet den für $R$ gefundenen Wert nach steigenden Potenzen von $\frac{\varepsilon}{R_0}$, so erhält man:

$$R = R_0 \left(1 - \frac{\varepsilon}{R_0} + \frac{\varepsilon^2}{2 R_0^2} - \frac{1}{2 \cdot 4} \frac{\varepsilon^4}{R_0^4} + \frac{1 \cdot 3}{2 \cdot 4 \cdot 6} \frac{\varepsilon^6}{R_0^6} \mp \cdots \right).$$

Man vergleiche nun diese unendliche Reihe mit der folgenden, durch Entwickeln einer Exponentialfunktion entstandenen Reihe:

$$R_0\, e^{-\frac{\varepsilon}{R_0}} = R_0 \left(1 - \frac{\varepsilon}{R_0} + \frac{\varepsilon^2}{2 R_0^2} - \frac{\varepsilon^3}{6 R_0^3} + \frac{\varepsilon^4}{24 R_0^4} \mp \cdots \right).$$

Beide Reihen stimmen bis zu den quadratischen Gliedern einschließlich überein. Die Restglieder höherer Ordnung spielen keine Rolle, wenn man bedenkt, daß z. B. für $n = 2$, $\frac{\varepsilon}{R_0} = \frac{8\,(b-a)}{3\,\pi\,R_0}$, also schon nach der allerersten Absenkungszeit weit kleiner als 1 ist. Überdies stimmen die beiden Reihen auch noch darin überein, daß in beiden Fällen die Summe der Restglieder negativ ist.

Man kann also ohne weiteres mit sehr großer Genauigkeit setzen:

$$R = R_0\, e^{-\frac{\varepsilon}{R_0}},$$

oder, wenn man für $\varepsilon$ den ursprünglichen Wert wieder einsetzt:

$$R = \frac{1}{e^{\frac{2\,(n+2)\,(b-a)}{\pi\,(n+1)\,R_0}}} R_0. \tag{25}$$

Diese Formel läßt sich weiterhin vereinfachen, wenn man bedenkt, daß für alle überhaupt in Betracht kommenden Werte für $n$ zwischen 1 und 2 mit großer Annäherung $\frac{2\,(n+2)}{\pi\,(n+1)} = 1$ wird. Man kann also angenähert schreiben:

$$R = \frac{1}{e^{\frac{b-a}{R_0}}} R_0. \tag{26}$$

Aus dieser Formel ist zu ersehen, daß die Reichweite $R$ einer langgestreckten Anlage kleiner ist, als die Reichweite $R_0$ eines

Einzelbrunnens von gleicher Tiefe, daß aber $R$ mit zunehmender Absenkungsdauer sich immer mehr dem Werte $R_0$ nähert.

In Abb. 14 ist der Wert $\dfrac{R}{R_0}$ für verschiedene Verhältnisse $\dfrac{b-a}{R_0}$ in einer Kurve aufgetragen worden. Der Verlauf derselben zeigt, daß besonders in der Zeit der ersten Entnahme, d.h. so lange $\dfrac{b-a}{R_0}$ noch einen verhältnismäßig großen

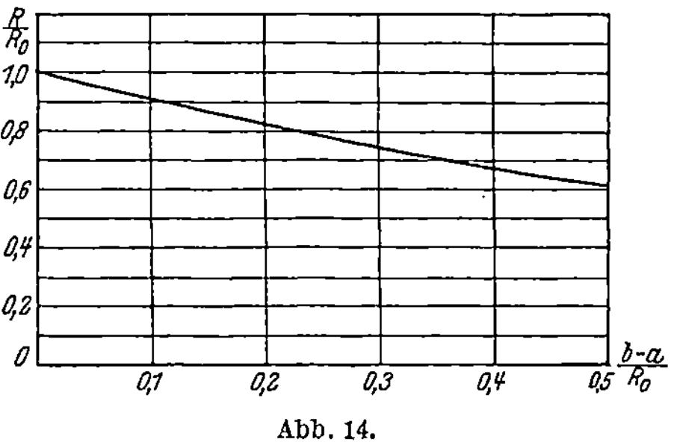

Abb. 14.

Wert darstellt, $R$ sich ziemlich erheblich von $R_0$ unterscheidet.

2. **Die vereinfachte Spiegelgleichung.** Ebenso wie nach der Forchheimerschen Formel ist die Berechnung der Absenkungsanlage nach der gegebenen Absenkungsformel (17) ziemlich umständlich wegen der darin vorkommenden Größen $x_1, x_2, x_3, \ldots x_s$, welche einzeln gemessen und in die Absenkungsgleichung eingeführt werden müssen. Da sich hierdurch auch leicht Fehler in die Rechnung einschleichen können, soll im Anschluß an die Berechnung der Reichweite ein Weg gewiesen werden, der auch für langgestreckte Anlagen die Ermittlung der Absenkung wenigstens in der Mitte der Baugrube annähernd so einfach gestaltet, wie für eine kreisförmige Anlage.

Die Gleichung für die Absenkung in der Mitte einer rechteckigen Brunnenanlage von $s$ Brunnen lautet entsprechend Gleichung (17):

$$H^2 - h^2 = \frac{Q}{\pi k}\left(\ln R - \ln \sqrt[s]{x_1 x_2 x_3 \ldots x_s} - \frac{s R^n - x_1^n - x_2^n - x_3^n \ldots - x_s^n}{n s R^n}\right).$$

Hierin bedeutet $h$ den Wasserstand des abgesenkten Grundwasserspiegels in der Mitte der Baugrube und $x_1, x_2, x_3 \ldots x_s$ die Entfernungen von dort bis zu den einzelnen Brunnen.

Der Wert $\ln \sqrt[s]{x_1 x_2 x_3 \ldots x_s}$ läßt sich nun auf folgendem Wege leicht ermitteln.

In Abb. 15 ist die rechteckige Brunnenanlage mit den Seiten $a$ und $b$ und ein dem ähnliches Rechteck mit den Seiten 1 und $m = \dfrac{b}{a}$ dargestellt. Teilt man nun den Umfang des Rechteckes in $s$ gleiche Teile und zieht von den Teilpunkten aus Verbindungslinien von der Länge $x_1', x_2', x_3'$ usf. nach der Mitte des

3*

Rechtecks, so läßt sich für verschiedene Längen $m$ der Wert

$\eta = \sqrt[s]{x'_1 \cdot x'_2 \cdot x'_3 \ldots x'_s}$ ermitteln. Wie man an einem praktischen
Beispiel leicht findet, ist dieser Mittelwert fast unabhängig von $s$, so lange $s$ nicht zu klein ist.

$\eta$ wurde nun für verschiedene Werte $m = \dfrac{b}{a}$ ermittelt und für den praktischen Gebrauch in der Abb. 16 als Kurve aufgetragen.

Der in der Absenkungsgleichung vorkommende Ausdruck $\sqrt[s]{x_1 x_2 x_3 \ldots x_s}$, der analog dem Radius der kreisförmigen Brunnenanlage mit $A'$ bezeichnet werde, ist dementsprechend

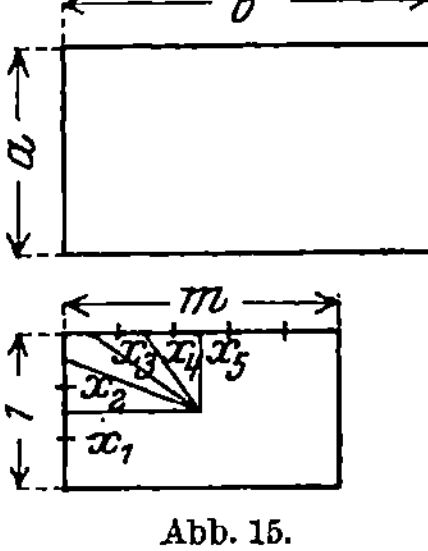

Abb. 15.

$$A' = \eta\, a. \tag{27}$$

Wird nach dem bereits weiter oben angegebenen Wege die rechteckige Brunnenanordnung nach der Formel für die kreisförmige Anlage berechnet, so wird ermittelt:

$$A = \sqrt{\frac{F}{\pi}} = \sqrt{\frac{ab}{\pi}} = a\sqrt{\frac{m}{\pi}} = \eta'\, a.$$

Die Werte $\eta'$ sind in der Abb. 16 ebenfalls zum Vergleich eingetragen. Man ersieht daraus, daß das Verhältnis $\dfrac{\eta}{\eta'}$ mit zunehmendem $m$ ständig wächst. Dies bedeutet, daß, je langgestreckter eine Anlage ist, um so mehr Wasser gefördert werden muß, um die gleiche Absenkung wie bei einer flächengleichen kreisförmigen Anlage zu erzielen.

Der in der Absenkungsformel auftretende Ausdruck

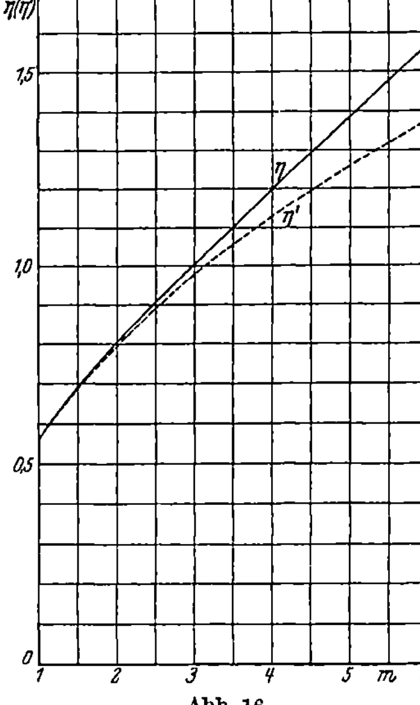

Abb. 16.

$$\frac{s\,R^n - x_1^n - x_2^n - x_3^n - \ldots - x_s^n}{ns\,R^n}$$

läßt sich ebenfalls in der Weise vereinfachen, daß man für $\dfrac{1}{s}(x_1^n + x_2^n + x_3^n + \ldots)$ einen Mittelwert einführt. Dieser Mittelwert wird nahe bei $A'^n$ liegen, und wenn man berücksichtigt, daß der obige Ausdruck bei den in Frage kommenden Werten für

$R$, $x_1$, $x_2$ ... eine sehr geringe Abhängigkeit von $x_1$, $x_2$, $x_3$ ... hat, so kann man $A'^n$ als genäherten Mittelwert einführen. Es wird dann:

$$\frac{sR^n - x_1^n - x_2^n - x_3^n - \ldots - x_s^n}{nsR^n} = \frac{R^n - A'^n}{nR^n}.$$

Die Absenkungsformel lautet somit:

$$Q = \frac{\pi k (H^2 - h^2)}{\ln \dfrac{R}{A'} - \dfrac{R^n - A'^n}{nR^n}}. \tag{28}$$

Diese Formel hat genau den gleichen Bau wie diejenige für eine kreisförmige Anlage. Es ist hier nur statt $A$ der Wert $A' = \eta a$ zu setzen. $\eta$ ist aus der Kurve in Abb. 16 zu entnehmen.

**3. Beispiel.** Die praktische Anwendung der Formel sei an folgendem Zahlenbeispiel erläutert. Es sei

$$a = 20\,\text{m}$$
$$b = 120\,\text{m}$$
$$H = 10\,\text{m}$$
$$h = 6\,\text{m}$$
$$k = 0{,}0025\,\text{m/sek}$$
$$\beta = 0{,}3$$
$$n = 2$$
$$c = 3$$
$$T = 5\,\text{Tg.}$$

Man ermittelt nacheinander:

$$m = \frac{b}{a} = \frac{120}{20} = 6,$$

aus Abb. 16: $\qquad \eta = 1{,}57,$

$$A' = \eta \cdot a = 1{,}57 \cdot 20 = 31{,}4\,\text{m},$$

$$\ln A' = 3{,}45,$$

$$R_0 = 3\sqrt{\frac{HkT}{\beta}} = 3\sqrt{\frac{10 \cdot 0{,}0025 \cdot 5 \cdot 86.400}{0{,}3}} = 570\,\text{m},$$

$$R = \frac{1}{e^{\frac{b-a}{R_0}}} \cdot R_0 = \frac{1}{e^{0{,}176}} \cdot 570 = 473\,\text{m},$$

$$\ln R = 6{,}15,$$

$$Q = \frac{3{,}14 \cdot 0{,}0025\,(10^2 - 6^2)}{6{,}15 - 3{,}45 - \dfrac{473^2 - 31{,}4^2}{2 \cdot 473^2}} = 0{,}240\,\text{m}^3/\text{sek},$$

$$Q = 240\,\text{l/sek.}$$

Bei Anwendung der Formel für kreisförmige Absenkungsanlagen würde man in diesem Fall erhalten:

$$Q = 209 \text{ l/sek},$$

d. h. der Fehler beträgt rund 15 %.

**4. Graphische Lösung der Spiegelgleichung.** Es sei hier noch erwähnt, daß zur schnellen näherungsweisen Ermittlung der Fördermengen bei kleinen und mittleren Anlagen mit gutem Erfolg die in Abb. 17 dargestellte graphische Tafel benutzt wird. Der Aufstellung dieser Tafel wurde die Absenkungsformel für kreisförmige Anlagen bzw. die oben entwickelte Formel für langgestreckte, rechteckige Anlagen zugrunde gelegt. Für die Reichweite als demjenigen Faktor, der das Ergebnis verhältnismäßig wenig beeinflußt, wurde ein für mittlere Verhältnisse nach einer je nach der Absenkungstiefe verschiedenen Entnahmezeit von $2-7$ Tagen gültiger fester Wert eingeführt. Entsprechend der in der Absenkungstechnik am häufigsten vorkommenden Brunnenlänge gilt die Tafel für den Wert $H = 10$ m. Die Tafel besteht aus zwei rechtwinkligen Koordinatensystemen. Die gemeinsame Ordinate beider gibt den Ausdruck $\dfrac{Q}{\pi k} = \dfrac{H^2 - h^2}{\ln \dfrac{R}{A} - \dfrac{R^n - A^n}{n R^n}}$ wieder. Auf der linksseitigen Abszisse ist einmal die Baugrubengröße $F$, richtiger gesagt die von der Anlage umschlossene Fläche, ein andermal der Radius $A$ bzw. $A'$ aufgetragen. Die rechtsseitige Abszisse gibt die Entnahmemenge $Q$ an. Im linksseitigen System ist in mehreren Kurven, die für verschiedene Absenkungstiefen $s = H - h$ in der Mitte der Baugrube gelten, die Abhängigkeit zwischen $F$ bzw. $A$ bzw. $A'$ und $\dfrac{Q}{\pi k}$ dargestellt worden und ebenso im rechtsseitigen System für verschiedene $k$-Werte die Abhängigkeit zwischen $\dfrac{Q}{\pi k}$ und $Q$.

Die Anwendung der Tafel gestaltet sich nun sehr einfach. Man sucht auf der linksseitigen Abszisse $F$ bzw. $A$ bzw. $A'$ auf, geht auf der Tafel senkrecht in die Höhe bis zu der Kurve, die die zutreffende Absenkung $s$ aufweist, geht von dort aus wagerecht zu der Geraden, die für den ermittelten oder geschätzten $k$-Wert gilt, und von dort aus abwärts zur rechtsseitigen Abszisse, wo man die erforderliche Entnahmemenge $Q$ abliest. Bei den Werten $s$ und $k$ kann naturgemäß nötigenfalls interpoliert werden.

Beträgt z. B. die Größe der kreisförmigen oder annähernd quadratischen, von der Anlage umschlossenen Fläche $F = 2000$ m², ist ferner in der Mitte derselben erforderlich $s = 2$ m, und hat

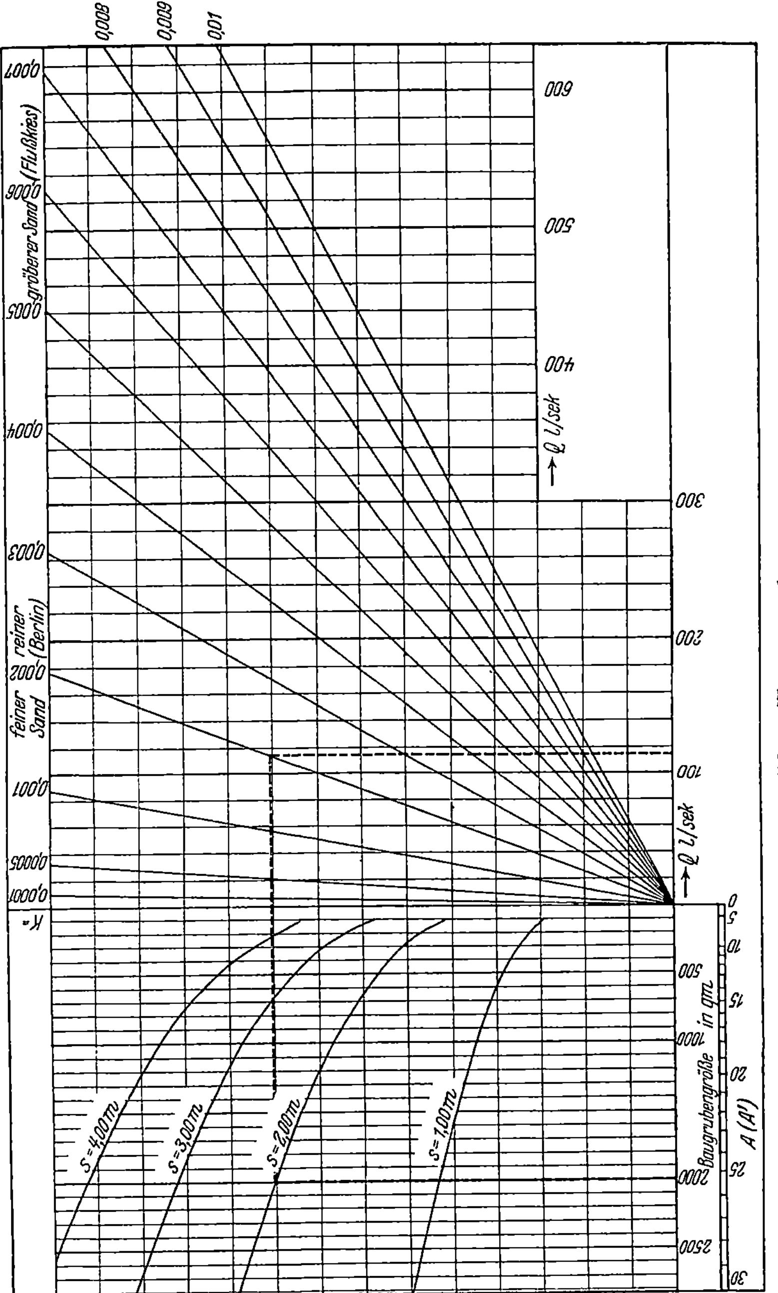


Abb. 17. Wassermengenkurve.

man ermittelt $k = 0,002$ m/sek., so erhält man aus der Tafel $Q = 113$ l/sek. Wie man zu diesem Wert gelangt, ist in der Tafel in gestrichelten Linien angedeutet worden.

Ist die Anlage langgestreckt, so muß $A'$ zunächst aus der Abb. 16 entnommen werden.

Aus den Kurven der Tafel ist die Abhängigkeit der Entnahmemenge $Q$ von $s$, $A$ bzw. $A'$ und $k$ anschaulich zu ersehen. Man kann so auch ohne weiteres $Q$ für verschiedene, etwa in Frage kommende $k$-Werte ablesen und $Q$ dann mit genügender Sicherheit wählen.

Für bereits ausgeführte Anlagen oder Probeabsenkungen kann man aus der Tafel umgekehrt natürlich aus der geförderten Wassermenge sofort den $k$-Wert ermitteln. Es empfiehlt sich, die für diese Fälle gefundenen $k$-Linien in der Tafel unter Angabe der Bodenverhältnisse einzutragen, damit man bei späteren ähnlichen Verhältnissen darauf zurückgreifen kann.

## h) Die Reichweite mehrstaffliger Anlagen.

Die Berechnung der Reichweite mehrstaffliger Anlagen bietet insofern Schwierigkeiten, als die bisherige Voraussetzung, daß die entnommene Wassermenge für den ganzen Verlauf der Entnahme sich als stetige Funktion der Zeit darstellen läßt, bei mehrstaffligen Anlagen nicht mehr ohne weiteres gegeben ist. Wird eine neue Staffel in Betrieb gesetzt oder auch stillgelegt, so ändert sich damit fast stets die Entnahmemenge sprunghaft. Außerdem nehmen dabei $H$ und auch die von der Anlage umschlossene Fläche andere Werte an. Die im folgenden abgeleiteten Formeln für die Reichweite mehrstaffliger Anlagen werden daher im allgemeinen nur Näherungswerte geben, die jedoch unter Berücksichtigung des geringen Fehlereinflusses der Reichweite praktisch brauchbar sind.

Bei mehrstaffligen Anlagen müssen grundsätzlich zwei verschiedene Fälle unterschieden werden:

1. Mit Ausnahme der kurzen Überdeckungszeit beim Übergang des Betriebes von einer Staffel auf die andere ist sonst stets nur eine Staffel in Betrieb.

2. Es sind zeitweilig, besonders am Schluß der Absenkung, mehrere Staffeln in Betrieb.

Es sei zunächst der erste Fall für eine zweistafflige Anlage behandelt. Solange die erste Staffel allein in Betrieb ist, gelten ohne weiteres für die Reichweite die bisherigen Formeln. Geht nun der Betrieb auf die zweite Staffel über, so wird gewissermaßen der Gleichgewichtszustand der Absenkungskurve gestört.

Dieser stellt sich jedoch nach Ablauf einiger Zeit insofern wieder her, als die Absenkungskurve dann die gleiche Gestalt annehmen wird, als wenn ständig nur die zweite Staffel, allerdings für eine andere Gesamtzeit, in Betrieb gewesen wäre. Es hat die erste Staffel also nur in bezug auf die Schaffung des wasserfreien Raumes vorgearbeitet.

Rechnerisch läßt sich der Vorgang wie folgt darstellen:

Die erste Staffel hat die Wassermenge $q_1$ während der Zeit $T_1$, die zweite Staffel die Menge $q_2$ während der Zeit $T_2$ entnommen.

Der Betrieb der ersten Staffel während der Zeit $T_1$ hat in bezug auf den leergepumpten Raum die gleiche Wirkung, als wenn die Staffel 2 statt dessen in Betrieb gewesen wäre während der Zeit

$$T' = \frac{q_1}{q_2}\, T_1\,.$$

Nach Ablauf der Zeit $T_2$ ist demnach die Größe des leergepumpten Raumes

$$V = \frac{1}{\beta}\left(\frac{q_1}{q_2}\, T_1 + T_2\right) q_2\,. \qquad (29)$$

Mit Rücksicht auf die große Reichweite, die bei Inbetriebnahme der zweiten Staffel schon erreicht sein wird, soll hier für $V$ derjenige Wert eingesetzt werden, der die räumliche Ausdehnung der Baugrube außer Acht läßt.

Es ist

$$V = \frac{n}{4\,(n+2)}\, \frac{q_2 R^2}{kH} = \frac{q_2 R^2}{c^2 k H_2}\,. \qquad (6)$$

$H_2$ bedeutet hier sinngemäß den senkrechten Abstand zwischen dem ungesenkten Spiegel und der Sohle der untersten Staffel.

Setzt man den für $V$ gefundenen Wert in Gleichung (29) ein, so erhält man für die Reichweite den Ausdruck

$$R = c \sqrt{\frac{H_2 k\left(\frac{q_1}{q_2}\, T_1 + T_2\right)}{\beta}}\,. \qquad (30)$$

Da $q_1$ und $q_2$ bei der Bestimmung der Reichweite meist noch nicht bekannt sind, kann angenähert gesetzt werden:

$$\frac{q_1}{q_2} = \frac{H_1^2 - h_1^2}{H_2^2 - h_2^2} = \frac{s_1\,(H_1 + h_1)}{s_2\,(H_2 + h_2)} = \frac{s_1\,(2H_1 - s_1)}{s_2\,(2H_2 - s_2)}\,.$$

Hier bedeuten $s_1$ und $s_2$ die durch die erste bzw. durch die zweite Staffel erzielte Absenkung in der Baugrubenmitte am Ende der Zeiten $T_1$ bzw. $T_2$, und $h_1$ und $h_2$ bezeichnen die Wasserstände daselbst am Ende der Zeit $T_1$ bzw. $T_2$.

Es wird demnach

$$R = c\sqrt{\frac{H_2 k(\alpha T_1 + T_2)}{\beta}} \cdot \qquad (31)$$

$$\alpha = \frac{s_1(2 H_1 - s_1)}{s_2(2 H_2 - s_2)} \cdot \qquad (32)$$

Die Formeln für mehr als 2stafflige Anlagen lassen sich nach dem oben angeführten ebenfalls sofort aufstellen.

Im zweiten oben genannten Fall, d. h. wenn mehrere Staffeln gleichzeitig im Betrieb sind, wird sich nach einer gewissen Dauer der Absenkung, wenn man von der nächsten Umgebung der Brunnen absieht, der Grundwasserspiegel annähernd so einstellen, als wenn sämtliche Brunnen in einer Linie angeordnet wären, wobei jedoch den Brunnen jeder einzelnen Staffel ihre besonderen Abmessungen und Eigenschaften erhalten bleiben. Das der Anlage zufließende Grundwasser kann man sich während des Betriebs mehrerer Staffeln dabei in soviel horizontal übereinanderliegende Ströme geteilt denken, wie im Betrieb befindliche Staffeln vorhanden sind. Jeder der Ströme wird von den Brunnen einer Staffel aufgenommen. Das $H$ der Formel rechnet dabei wie vorher auch vom ungesenkten Grundwasserspiegel bis zur Sohle der untersten im Betrieb befindlichen Staffel. Die Formeln für die Reichweite nehmen unter diesen Voraussetzungen genau dieselbe Form an wie im obigen ersten Fall. Es ist nur für eine z. B. 2stafflige Anlage unter $T_2$ die Zeit zu verstehen, während der beide Staffeln gleichzeitig im Betrieb sind, während $q_2$ die von beiden Staffeln zusammen geförderte Wassermenge bedeutet.

## i) Die Reichweite artesischer Brunnen.

**1. Spiegelgleichung.** Im Anschluß an die bisherigen Ausführungen sei noch die Reichweite für den Fall der Wasserentnahme aus artesischen Schichten untersucht. In der Grundwasserabsenkungstechnik werden artesische Brunnen dann angewandt, wenn es sich darum handelt, den Druck des gespannten Grundwassers zu ermäßigen, weil sonst mit zunehmendem Bodenaushub ein Hochbrechen des über der artesischen Schicht gelagerten undurchlässigen Untergrundes zu befürchten wäre. Besonders in Holland, wo sich an sehr vielen Stellen mehrere durch undurchlässige Kleischichten voneinander getrennte Wasserstockwerke vorfinden, mußten in letzter Zeit bei großen Bauausführungen, um

eine sichere Gründung zu ermöglichen, umfangreiche Druck-
verminderungsanlagen ausgeführt werden.

Das artesische Wasser besitzt keinen freien, sondern einen
ideellen Spiegel. Dieser läßt sich dadurch ermitteln, daß ein
Brunnen bis in die artesische Schicht getrieben wird, in dem sich
dann das Wasser, abgesehen von dem Reibungswiderstand im
Brunnen, infolge des Druckes in Höhe des
ideellen Spiegels einstellt. Der ideelle Spiegel
gibt demgemäß an, unter welchem Druck
das artesische Wasser steht.

Wird einem artesischen Brunnen Wasser
entnommen, so wird dadurch kein Raum
leergepumpt, sondern es tritt nur eine
Druckermäßigung ein und der ideelle Spiegel senkt sich trichterförmig zum Brunnen
hin (Abb. 18). Genau wie beim gewöhnlichen

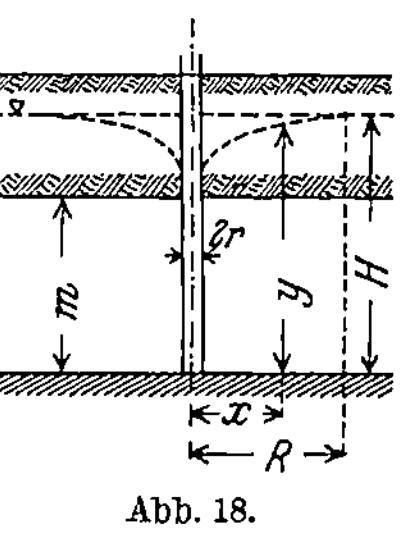

Abb. 18.

Brunnen die Spiegelsenkung schreitet hier mit fortdauernder
Entnahme die Druckermäßigung fort, d. h. die Reichweite der
Entnahme wächst. Im Gegensatz zum gewöhnlichen Brunnen
geht dieses Fortschreiten jedoch mit sehr großer Schnelligkeit
vor sich, so daß in weitem Umkreis um den Brunnen herum
ganz kurze Zeit nach Beginn der Entnahme eine Druckverminderung festgestellt werden kann.

Betrachtet man zwei unmittelbar aufeinanderfolgende Zustände
der Druckverminderung, wie sie in Abb. 19 dargestellt wurden,
so ist es klar, daß das Wasser in dem um den Brunnen herum
gelegt gedachten Kreiszylinder mit dem
Grundkreisradius $R$ infolge der dem Be-
trage $dy$ entsprechenden Druckverminderung eine Ausdehnung erfährt. Da die Reichweite noch nicht so weit fortgeschritten ist,
daß von den Außenbezirken her Wasser zuströmt, muß die durch die Ausdehnung innerhalb des Druckermäßigungsbereichs freige-
wordene Wassermenge gleich der Menge sein,
die in der gleichen Zeit dem Brunnen entnommen wurde.

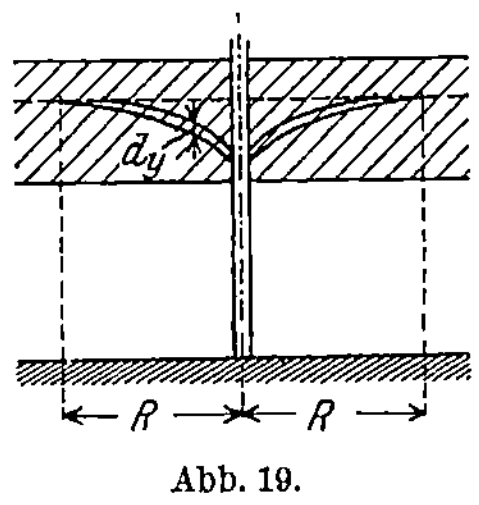

Abb. 19.

Für das Gesetz, nach welchem die Druckabnahme in auf-
einanderfolgenden Zeitabschnitten geschieht und nach welchem
demgemäß Wasser frei wird, soll genau wie beim gewöhnlichen
Brunnen und mit derselben Bedeutung der vorkommenden Größen
wie dort angenommen werden

$$q_x = q\left(1 - \frac{x^n}{R^n}\right).\tag{3}$$

Legt man weiter das Darcysche Gesetz zugrunde, so gilt mit den Bezeichnungen der Abb. 18 für den entspannten Spiegel die Gleichung:

$$2\pi x m k \frac{dy}{dx} = q\left(1 - \frac{x^n}{R^n}\right).$$

Durch Integration erhält man hieraus:

$$2\pi m k y = q\left(\ln x - \frac{1}{n}\,\frac{x^n}{R^n}\right) + C.$$

Die Integrationskonstante $C$ läßt sich aus der Bedingung errechnen, daß für $x = R$, $y = H$ sein muß, und man ermittelt demgemäß als Gleichung des gesenkten Spiegels:

$$q = \frac{2\pi m k (H-y)}{\ln\dfrac{R}{x} - \dfrac{1}{n}\,\dfrac{R^n - x^n}{R^n}}.\tag{33}$$

Setzt man hierin $n = \infty$, so entspricht dies der für gewöhnlich den Rechnungen zugrunde gelegten Annahme, daß sämtliches entnommene Wasser von außerhalb der Reichweitengrenze her dem Brunnen zuströmt, so wie es die Thiemsche Brunnenformel für den gewöhnlichen Brunnen annimmt. Man erhält dann die bekannte Formel für die Wasserentnahme aus artesischen Brunnen, bei der für die Berechnung $R$ geschätzt werden muß, und welche lautet:

$$q = \frac{2\pi m k (H-y)}{\ln R - \ln x}.$$

**2. Die theoretische Reichweite.** Bei einer Druckerhöhung um $1^{\text{at.}}$ drückt sich Wasser um $\dfrac{1}{50\,000\,000}$ seines Volumens zusammen, d. h. es gilt das Gesetz:

$$\Delta v = - v\frac{\Delta\sigma}{C},$$

und

$$d\Delta v = - dv\cdot\frac{\Delta\sigma}{C}.$$

Hierin bedeutet $v$ das ursprüngliche Volumen, $\Delta v$ die Volumenänderung, $\Delta\sigma$ die Druckänderung und $C$ den Wert $50\,000\,000$. $C$ stellt hier in bezug auf die Volumenänderung eine ähnliche Größe dar, wie der Elastizitätsmodul $E$ in bezug auf die Längenänderung eines Körpers.

Setzt man genähert den Druck von $10$ m Wassersäule gleich $1^{\text{at.}}$, so ist die Druckermäßigung in der durch einen Brunnen entspannten artesischen Schicht:

$$\Delta \sigma = -\frac{1}{10}(H - y).$$

Das Wasservolumen eines um den artesischen Brunnen herum gelegten konzentrischen Kreisringzylinders von der Wandstärke $dx$ beträgt (Abb. 20):

$$dv = 2\pi x \cdot dx \cdot m \cdot \beta.$$

Führt man die Werte für $\Delta\sigma$ und $dv$ in die Gleichung für $d\Delta v$ ein, so erhält man:

$$d\Delta v = \frac{\pi\beta}{5C} \cdot m\,(H - y)\,x\,dx. \qquad (34)$$

Nach Gleichung (33) ist:

$$H - y = \frac{q}{2\pi m k}\left(-\ln\frac{x}{R} - \frac{1}{n}\,\frac{R^n - x^n}{R^n}\right).$$

Wird dieser Ausdruck in Gleichung (34) eingesetzt und das Integral gebildet, so erhält man das Volumen der bis zu einem bestimmten Zeitpunkt $T$ freigewordenen Wassermenge $V$ zu:

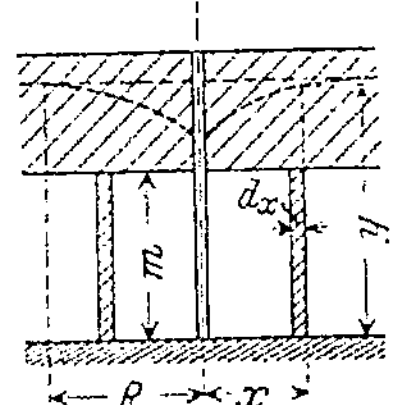

Abb. 20.

$$V = -\frac{q\beta}{10\,kC}\int\limits_{r}^{R} x\left(\ln\frac{x}{R} + \frac{1}{n}\,\frac{R^n - x^n}{R^n}\right)dx.$$

Nach Ausführung der Integration ergibt sich, wenn man die Hilfsgröße $\frac{x}{R} = u$ einführt,

$$V = -\frac{q\beta}{10\,kC}\,R^2\left[\frac{u^2}{2}\ln u - \frac{u^2}{4} + \frac{u^2}{2n} - \frac{u^{n+2}}{n\,(n+2)}\right]_{\frac{r}{R}}^{\frac{R}{R}},$$

und nach Einsetzung der Grenzen:

$$V = -\frac{q\beta}{10\,kC}\,R^2\left[-\frac{1}{4} + \frac{1}{2n} - \frac{1}{n\,(n+2)} - \frac{r^2}{2\,R^2}\ln\frac{r}{R} + \frac{r^2}{4\,R^2}\right.$$
$$\left. - \frac{r^2}{2\,n\,R^2} + \frac{r^{n+2}}{R^{n+2}\cdot n\,(n+2)}\right].$$

Wie beim gewöhnlichen Brunnen können auch hier alle Glieder mit dem Faktor $r$ wegen ihrer Kleinheit unbedenklich vernachlässigt werden, so daß verbleibt:

$$V = \frac{q\beta}{10\,kC}\,R^2\,\frac{n}{4\,(n+2)}. \qquad (35)$$

Wird dem Brunnen konstant die Wassermenge $q$ je Zeiteinheit entnommen, so beträgt die Gesamtentnahme bis zum Zeitpunkt $T$:

$$V = qT.$$

Setzt man beide Werte für $V$ einander gleich und $\frac{4(n+2)}{n} = c^2$ wie vorher, so erhält man:

$$qT = \frac{q\beta}{10\,c^2 k\,C}\,R^2$$

und hieraus als Formel für die Reichweite

$$R = c\sqrt{\frac{10\,k\,C\,T}{\beta}}\,. \tag{36}$$

Die Formel zeigt bezüglich der einzelnen Größen genau die gleiche Struktur wie die Formel für die Reichweite eines gewöhnlichen Brunnens. An die Stelle von $H$ tritt hier nur der Wert $C$, der nach seiner Definition die Dimension „Meter Wassersäule" hat.

Die Reichweite ist unabhängig von der Mächtigkeit $m$ der artesischen Schicht. Dies erklärt sich daraus, daß die Entnahmemenge $q$ direkt proportional $m$ ist, so daß mit wachsendem $m$ zwar die Wassermenge wächst, die infolge einer bestimmten Druckverminderung frei wird, gleichzeitig dadurch jedoch die Entnahmemenge $q$ in gleichem Maße steigt.

Setzt man, um ein Zahlenbeispiel durchzuführen, für $C$ den Zahlenwert ein und nimmt man wie beim gewöhnlichen Brunnen $c = 3$ an, so ergibt sich

$$R = \infty\,67\,000\sqrt{\frac{k\,T}{\beta}}\,. \tag{37}$$

Man ersieht hieraus sofort, mit welcher Schnelligkeit die Reichweite und damit die Druckverminderung in der artesischen Schicht fortschreitet.

Ist z. B.

$$k = 0,0001 \text{ m/sek}$$
$$\beta = 0,3,$$

so wird

$$\text{für } T = 1^{\text{sek}} \qquad R = 1220 \text{ m}$$
$$\text{,, } T = 1^{\text{min}} \qquad R = 9450 \text{ m}$$
$$\text{,, } T = 1^{\text{h}} \qquad R = 73000 \text{ m.}$$

Artesische Schichten kommen allerdings wohl nirgends in so großer Ausdehnung vor, daß sich derartige Reichweiten praktisch ausbilden könnten. In Wirklichkeit wird nach kurzer Zeit freies Grundwasser erreicht, welches nun die Entnahmemengen ersetzt.

Es werde z. B. angenommen, der Brunnen stände in der Mitte eines kreisrunden artesischen Druckgebietes vom Radius $E$ (Abb. 21). Schon nach kurzer Entnahmezeit wird $R = E$. Im nächsten Augenblick entsteht bei $A$ im Kreise herum ein Druckgefälle $\frac{\varDelta y}{\varDelta R}$. Hierdurch wird das freie Grundwasser zum Nachströmen und zum Eintreten in die artesische Schicht veranlaßt. Diese wirkt also gewissermaßen wie ein gewöhnlicher Brunnen vom Radius $E$. $\varDelta y$ kann sich nur im gleichen Maße vergrößern, in dem dieser Brunnen eine Absenkung des freien Grundwassers erzeugt. Da diese Absenkung bei dem großen Radius $E$ praktisch natürlich nicht meßbar in Erscheinung tritt, erfolgt innerhalb der artesischen Schicht keine Druckverminderung mehr, sofern nicht die Entnahmemenge gesteigert wird. Der arte-

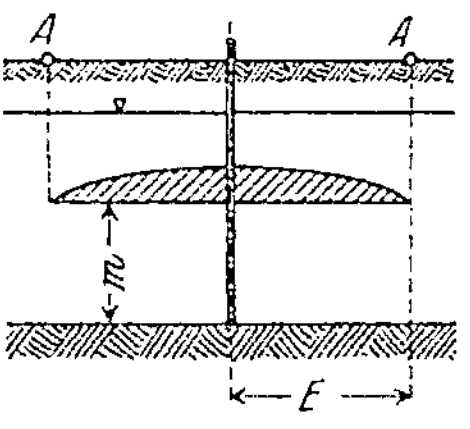

Abb. 21.

sische Brunnen ruft also in kurzer Zeit einen Beharrungszustand hervor, wobei alles entnommene Wasser von außerhalb der Reichweite zufließt. Abgesehen von den ersten Sekunden der Entnahme gelten also die Gleichungen

$$q = \frac{2\pi k m (H - y)}{\ln \dfrac{R}{x}}$$

und

$$R = E.$$

Die Grenzen der artesischen Schicht verlaufen natürlich nie so regelmäßig, wie hier angenommen wurde. Da sie zudem meist auch gar nicht bekannt sind, ist es angebracht, für $R$ einen nicht zu hohen Wert einzusetzen, um sich für die Bemessung der Anlage auf der sicheren Seite zu bewegen.

## k) Die Begrenzung des Vorschubs der Reichweite und der Beharrungszustand.

**1. Ursachen äußerer Zuflüsse.** Aus den bisherigen Betrachtungen ging hervor, daß, einen homogenen Untergrund und das Fehlen aller äußeren störenden Einflüsse vorausgesetzt, der Ausdehnung der Reichweite keine Grenzen gesetzt sind, sondern daß dieselbe bei einem unendlich großen Grundwasserbecken nach allen Richtungen hin ständig, wenn auch mit abnehmender Geschwindigkeit, zunimmt.

Praktisch erhält man, da die oben genannten Vorbedingungen

nirgends ganz zutreffen, kein so ideales Bild. Offene Wasserläufe mit durchlässiger Sohle, unterirdische Quellen und starke Grundwasserströme, weiterhin undurchlässige Bodenschichten, die den Grundwasserbereich begrenzen, beeinflussen oft die Ausbildung der Reichweite und damit das Absenkungsergebnis in einem Maße, das sich rechnerisch nicht genau erfassen läßt.

Hierzu kommen noch andere Umstände, die die Ausdehnung der Reichweite bis ins Unendliche verhindern und einen Beharrungszustand herbeiführen können. Dies sind einmal atmosphärische Niederschläge, wie Regen, Schnee, Tau, die in den Boden eindringen und dort das Grundwasser anreichern. Im ungestörten, d. h. in diesem Fall, unabgesenkten Grundwasser werden diese Mengen abfließen und an anderen Stellen in offene Wasserläufe übergehen oder als Quellen zutage treten. Im Senkungszustande hingegen müssen sie durch die Wasserhaltungsanlage mitgefördert werden. Diese kann somit als künstliche Quelle angesprochen werden, deren Einzugsbereich sich bis zur jeweiligen Reichweitengrenze erstreckt.

Der Anteil der Niederschlagsmenge, welcher versickert, ist unter anderem abhängig von der Intensität der Niederschläge, von der Temperatur, vom Untergrund, von der Neigung der Bodenoberfläche und von der Bodenbedeckung. Eine tabellarische Übersicht über die Sickermengen gibt Lauterburg[1] für verschiedene Verhältnisse.

Nach der Volgerschen Kondensationstheorie wird Grundwasser auch noch neu gebildet durch Kondensation des Wasserdampfes der atmosphärischen Luft, wenn diese sich beim Zirkulieren im Untergrund so weit abkühlt, daß der Sättigungspunkt überschritten wird. Es ist noch eine umstrittene Frage, wie hoch der auf diese Weise zum Grundwasser gelieferte Beitrag ist. Klar ist jedoch, daß er von den verschiedensten Faktoren, wie Temperatur, Luftdruck, Untergrund, Gestaltung der Bodenoberfläche abhängt.

**2. Die Reichweite.** Sowohl der Beitrag infolge der Infiltration der Niederschläge als auch der Beitrag infolge der Kondensation des Wasserdampfes werden sich annähernd gleichmäßig über den jeweiligen Wirkungsbereich der Absenkung verteilen. Für die Rechnung soll angenommen werden, daß der gemeinsame Beitrag $\mu$ m Wassersäule je Sekunde und je m² beträgt. Über die zahlenmäßige Größe von $\mu$ werden für verschiedene Verhältnisse erst noch Erfahrungen gesammelt werden müssen.

---

[1] Keilhack: a. a. O. S. 96.

Für den idealen Fall, daß Zuflüsse nicht auftreten, galt die Gleichung

$$\beta V = \int\limits_0^T q\,dt, \qquad (2)$$

worin $\beta V$ den Hohlrauminhalt des Absenkungstrichters bedeutet.

Treten Zuflüsse auf, die die gepumpte Wassermenge in der oben dargelegten Weise zum Teil wieder ergänzen, so geht diese Gleichung über in die Form

$$\beta V = \int\limits_0^T q\,dt - \int\limits_0^T \mu\,\pi\,R^2\,dt. \qquad (38)$$

Wird auch hierfür das bisherige Durchflußgesetz

$$q_x = q\left[1 - \left(\frac{x}{R}\right)^n\right] \qquad (3)$$

beibehalten, so wird wie früher

$$V = \frac{n}{4\,(n+2)} \cdot \frac{q\,R^2}{k\,H} = \frac{q\,R^2}{c^2\,k\,H}. \qquad (6)$$

Mit diesem Wert geht (38) über in

$$\frac{\beta\,q\,R^2}{c^2\,k\,H} = \int\limits_0^T q\,dt - \int\limits_0^T \mu\,\pi\,R^2\,dt.$$

Ist $q = \text{const}$ und $\mu = \text{const}$, so ergibt sich durch Differentiation

$$\frac{2\,\beta\,q\,R}{c^2\,k\,H}\,dR = q\,dt - \mu\,\pi\,R^2\,dt.$$

Wird der Einfachheit halber vorübergehend

$$\frac{2\,\beta\,q}{c^2\,k\,H} = a$$

und

$$\mu\,\pi = b$$

gesetzt, so läßt sich die Differentialgleichung wie folgt lösen:

$$a\,R\,dR = q\,dt - b\,R^2\,dt$$
$$a\,R\,dR = (q - b\,R^2)\,dt.$$

Hierin wird gesetzt

$$q - b\,R^2 = u$$

und

$$-2\,b\,R\,dR = du$$

und man erhält

$$-\frac{a}{2\,b}\,du = u\,dt$$

und integriert

$$- \frac{a}{2b}\,[\ln u] = [t]$$

oder

$$- \frac{a}{2b}\,[\ln (q - b\,R^2)]\Big|_{R=r}^{R=R} = [t]_{t=0}^{t=T}\,.$$

Bei näherer Überlegung findet man, daß $r$ vernachlässigt werden kann, und es ergibt sich, wenn man für $a$ und $b$ die ursprünglichen Werte wieder einsetzt:

$$\ln q - \ln (q - b\,R^2) = \frac{\mu\,\pi\,c^2\,k\,H}{\beta\,q}\,T = \frac{\mu\,\pi}{q}\,R_0^2\,,$$

worin $R_0$ die Reichweite bedeutet, die im gleichen Zeitpunkt beim Fehlen der Zuflüsse erreicht worden wäre gemäß der Formel

$$R_0 = c\,\sqrt{\frac{H\,k\,T}{\beta}}\,. \tag{9}$$

Nach weiterer Umformung erhält man schließlich:

$$R^2 = \frac{q}{\pi\,\mu}\left(1 - \frac{1}{e^{\frac{\pi\,\mu}{q}\,R_0^2}}\right)\,. \tag{39}$$

Die Grenzreichweite $R_g$ ist offenbar erreicht, wenn die sekundliche Zuflußmenge gleich der sekundlichen Entnahmemenge ist, d. h. wenn

$$\mu\,\pi\,R_g^2 = q \tag{40}$$

ist. Setzt man den Wert $\dfrac{q}{\mu\,\pi} = R_g^2$ in Gleichung (39) ein, so erhält man

$$R^2 = R_g^2\left(1 - \frac{1}{e^{\frac{R_0^2}{R_g^2}}}\right)\,. \tag{41}$$

Nach dieser Formel wächst $R$ in der ersten Zeit des Pumpbetriebes annähernd proportional zu $R_0$, bleibt jedoch im weiteren Verlauf mehr und mehr gegenüber $R_0$ zurück und nähert sich asymptotisch dem Wert $R_g$. $R_g$ wird theoretisch erst in unendlich ferner Zeit erreicht, praktisch wird die Differenz $R_g - R$ in einem endlichen Zeitpunkt so klein, daß die Grenzreichweite als erreicht angesehen werden kann.

Es sei hier darauf verwiesen, daß auch Dr.-Ing. Schultze[1] eine Formel für die Reichweite bei Vorhandensein äußerer Zu-

_______________

[1] a. a. O. S. 20 ff.

flüsse aufgestellt hat. Auch dieser Formel ist das Schultzesche Durchflußgesetz

$$\frac{\partial y}{\partial t} = \frac{\partial H}{\partial t}\,\frac{r}{R}$$

zugrunde gelegt. Wie bereits auf S. 7 ff. gezeigt, kann dieses Gesetz der Wirklichkeit nicht entsprechen. Außerdem muß nach der auf Grund dieses Gesetzes abgeleiteten Formel $R$ mittels eines viel Rechnung erfordernden Näherungsverfahrens ermittelt werden.

**3. Beispiel.** An einem Beispiel sei der zeitliche Verlauf der Reichweite gezeigt.

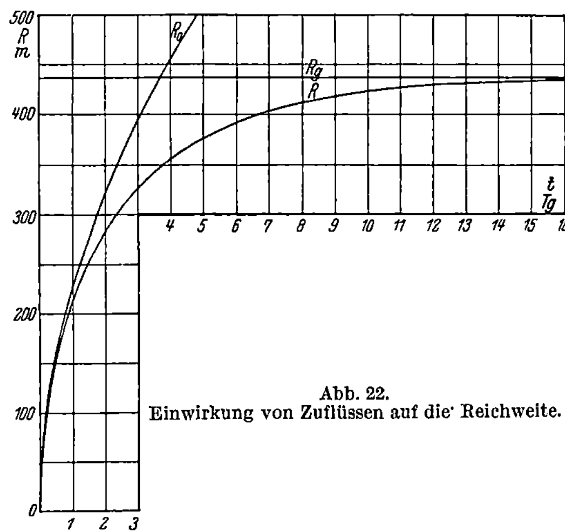

Abb. 22.
Einwirkung von Zuflüssen auf die Reichweite.

Es wird angenommen

$$H = 10\ \text{m}$$
$$\beta = 0,3$$
$$\mu = \frac{1}{1,5}\cdot 10^{-8}\ \text{m/sek}$$
$$q = 0,004\ \text{m}^3/\text{sek}$$
$$c = 3$$
$$k = 0,002\ \text{m/sek}.$$

| $T$ in $Tg$ | $^1/_2$ | 1 | 2 | 3 | 4 | 5 | 6 | 8 | 10 | 12 | 14 | 16 |
|---|---|---|---|---|---|---|---|---|---|---|---|---|
| $R_0$ | 161 | 228 | 321 | 394 | 455 | 508 | 559 | 645 | 720 | 790 | 853 | 913 |
| $R$ | 153 | 213 | 283 | 326 | 356 | 377 | 392 | 412 | 424 | 430 | 432 | 435 |

Die Endreichweite beträgt

$$R_g = \sqrt{\frac{q}{\mu\pi}} = 437 \text{ m}.$$

Der zeitliche Verlauf von $R$ und $R_0$ ist in Abb. 22 in einer Kurve aufgetragen worden. Aus der Kurve für $R$ ist sofort ersichtlich, wie sich $R$ bereits nach 16 Tagen der Grenzreichweite $R_g$ soweit genähert hat, daß praktisch ein Unterschied nicht mehr besteht.

Wird in Gleichung (39) $\mu = 0$ gesetzt, so erhält man nicht ohne weiteres für $R$ den Wert $R_0$, weil sich $\mu$ auf der rechten Seite der Gleichung im Nenner befindet. Man muß zu diesem Zweck die rechte Seite der Gleichung wie folgt in eine Reihe entwickeln:

$$R^2 = \frac{q}{\pi\mu}\left(1 - 1 + \frac{\pi\mu}{q}R_0^2 - \frac{\pi^2\mu^2}{2!\,q^2}R_0^4 \overset{+}{-}\cdots\right)$$

oder

$$R^2 = R_0^2 - \frac{\pi\mu}{2!\,q}R_0^4 \overset{+}{-}\cdots$$

Setzt man hierin $\mu = 0$, so wird folgerichtig $R = R_0$.

**4. Zeitdauer für die Erreichung des Beharrungszustandes.** Weiter oben wurde bereits gezeigt, daß die Reichweite $R$ sich dem Grenzzustande $R_g$ asymptotisch nähert, ohne ihn theoretisch je ganz zu erreichen, daß praktisch jedoch der Beharrungszustand in einem endlichen Zeitpunkt erreicht wird.

Der Beharrungszustand soll nun als erreicht gelten, wenn $R$ sich $R_g$ bis auf 1% genähert hat, d. h. wenn $R = \frac{99}{100}R_g$ ist.

Setzt man in Gleichung (41)

$$R = \frac{99}{100}R_g = pR_g$$

ein, so wird

$$p^2 = 1 - \frac{1}{\dfrac{R_0^2}{eR_g^2}}\,.$$

Weiter entwickelt ergibt dies:

$$\frac{1}{1-p^2} = e^{\frac{R_0^2}{R_g^2}}$$

$$R_0^2 = R_g^2 \ln \frac{1}{1-p^2}$$

$$c^2 \frac{HkT}{\beta} = \frac{q}{\pi\mu}\ln\frac{1}{1-p^2}\,.$$

Mit den Werten $p = \dfrac{99}{100}$ und $c^2 = 9$ erhält man hieraus

$$\text{in Sekunden } T = 0{,}138\,\frac{q\,\beta}{\mu\,k\,H} \tag{42}$$

$$\text{oder in Tagen } T = \frac{1}{626\,000}\,\frac{q\,\beta}{\mu\,k\,H}. \tag{43}$$

Nach diesen Formeln erhält man z. B. für das Beispiel auf Seite 51 $T = $ rd. 13 Tage als Zeitdauer für die Erreichung des Beharrungszustandes.

5. **Einfluß der einzelnen Faktoren auf die Größe der Reichweite.** Für die unmittelbare Berechnung der Reichweite nach Formel (39) ist die Kenntnis des Wertes $\mu$ erforderlich, der seinerseits, wie gezeigt, von den verschiedensten Umständen abhängt. Es wird trotzdem wohl möglich sein, auf Grund von Beobachtungen bei in Ausführung befindlichen Anlagen Erfahrungswerte von $\mu$ für verschiedene Verhältnisse zu gewinnen.

Liegt dagegen ein Beobachtungswert für $R$ für einen bestimmten Zeitpunkt vor, so läßt sich der ganze Verlauf der Reichweitenentwicklung ermitteln, vorausgesetzt, daß alle $\mu$ beeinflussenden Umstände annähernd die gleichen bleiben. Es lassen sich dann aber auch mit großer Sicherheit die Reichweiten späterer am gleichen Orte auszuführender Anlagen ermitteln, wodurch z. B. die Berechnungsweise bei Probeabsenkungsanlagen an Bedeutung gewinnt.

Zur Ermittlung des Einflusses der einzelnen Größen auf die Größe der Reichweite wird von folgenden bekannten Formeln ausgegangen:

$$R^2 = R_g^2 \left( 1 - \frac{1}{e^{\frac{R_0^2}{R_g^2}}} \right) \tag{41}$$

$$\pi\,\mu\,R g^2 = q \tag{40}$$

$$R_0 = c\sqrt{\frac{H\,k\,t}{\beta}}. \tag{9}$$

Um den Einfluß von $\mu$ festzustellen, wird aus den Formeln (40) und (41) das Differential $\dfrac{dR}{d\mu}$ gebildet. Man erhält:

$$2R\,dR = 2\left( 1 - \frac{1}{e^{\frac{R_0^2}{R_g^2}}} \right) R_g\,dR_g - R_g^2\,\frac{1}{e^{\frac{R_0^2}{R_g^2}}} \cdot \frac{2R_0^2}{R_g^3}\,dR_g$$

und

$$2R_g\,dR_g = -\,\frac{q}{\pi\,\mu^2}\,d\mu.$$

Durch Vereinigung der beiden Gleichungen und vereinfachende Umformungen ergibt sich

$$\frac{dR}{R} = \frac{1}{2}\left(\frac{R_0^2}{R^2} - \frac{R_0^2}{R_g^2} - 1\right)\frac{d\mu}{\mu}.$$

Werden nur kleine endliche Änderungen $\varDelta R$ bzw. $\varDelta \mu$ von $R$ und $\mu$ in Betracht gezogen, so kann gesetzt werden

$$dR = \varDelta R$$
$$d\mu = \varDelta \mu$$

und es wird

$$p_R = \frac{1}{2}\left(\frac{R_0^2}{R^2} - \frac{R_0^2}{R_g^2} - 1\right)p_\mu, \tag{44}$$

wo $p_R$ und $p_\mu$ prozentuale Änderungen von $R$ und $\mu$ bedeuten.

In gleicher Weise läßt sich die Abhängigkeit auch für die anderen Größen herleiten, und man erhält, wenn man unter $p_R$ die Summe der Einzeländerungen von $R$ versteht;

$$p_R = \varepsilon\,(p_k + p_H + p_t - p_\beta - p_q + p_\mu) + \frac{1}{2}\,(p_q - p_\mu), \tag{45}$$

wo

$$\varepsilon = \frac{1}{2}\left(\frac{R_0^2}{R^2} - \frac{R_0^2}{R_g^2}\right). \tag{45a}$$

Aus diesen Gleichungen folgt, daß Änderungen von $k$, $H$, $t$ und $\beta$ in gleichem Maße, $k$, $H$ und $t$ außerdem in gleichem Sinn auf $R$ einwirken. Ebenso ist der prozentuale Einfluß der Änderungen von $q$ und $\mu$ absolut genommen gleich, im Sinn jedoch entgegengesetzt.

Zu Beginn der Absenkung ist $R$ angenähert gleich $R_0$ und $\frac{R_0}{R_g}$ sehr klein und angenähert gleich 0. Es wird daher

$$\varepsilon_0 = \frac{1}{2}.$$

Ist der Beharrungszustand erreicht, so ist $R = R_g$ und man erhält

$$\varepsilon_g = 0.$$

$\varepsilon$ durchläuft also im Verlauf der Absenkung alle Werte von $\frac{1}{2}$ bis 0. Zu Beginn der Absenkung ist

$$p_R = \frac{1}{2}\,(p_k + p_H + p_t - p_\beta); \tag{46}$$

im Beharrungszustand dagegen ist

$$p_R = \frac{1}{2}\,(p_q - p_\mu). \tag{47}$$

Es sei noch erwähnt, daß bei Proberechnungen die Formeln (45) und (45a) Anwendung bei der Vornahme von Korrekturen bei Probeberechnungen finden können.

Aus der Beziehung

$$p_R = \varepsilon p_t$$

läßt sich leicht auf die Geschwindigkeit des Reichweitenvorschubs schließen, wenn man rückwärts entwickelt

$$\frac{dR}{R} = \varepsilon \frac{dt}{t}.$$

Es ist die Geschwindigkeit

$$v_R = \frac{dR}{dt} = \varepsilon \frac{R}{t},$$

$$v_R = \frac{1}{2t}\left(\frac{R_0^2}{R} - \frac{R_0^2 R}{R_g^2}\right). \tag{48}$$

Für $R \sim R_0 \sim 0$ wird

$$v_R = \frac{R}{2t},$$

für $R = Rg$ wird

$$v_R = 0.$$

Es sei noch darauf hingewiesen, daß auch für den Beharrungszustand, d. h. wenn $q = \pi \mu R_g^2$ ist, nach den gemachten Voraussetzungen die Spiegelgleichung

$$q = \frac{\pi k (H^2 - y^2)}{\ln \dfrac{R}{x} - \dfrac{1}{n} \dfrac{R^n - x^n}{R^n}} \tag{5}$$

gilt, wo $n$ den Wert 2 hat.

Die Reichweitenformel (41) läßt sich zusammen mit der Spiegelgleichung (17) bzw. (18) bzw. (28) auch für Mehrbrunnenanlagen anwenden, da sich früher zeigen ließ, daß die räumliche Ausdehnung der Anlage für die Größe der Reichweite keine wesentliche Rolle spielt.

# III. Zusammenfassung der Ergebnisse.

Durch die fortschreitende Entwicklung der Grundbautechnik erfährt auch das Verfahren der Grundwasserabsenkung mittels Rohrbrunnen immer weitere Verbreitung. Die für eine wirtschaftliche und technisch sichere Gestaltung von Absenkungsanlagen erforderlichen Berechnungen gründen sich auf das Darcysche Filtergesetz und die auf Grund dieses Gesetzes von Thiem und Forchheimer abgeleiteten Spiegelgleichungen für einen bzw. mehrere Brunnen.

Für das auf Grund dieser Formeln zu berechnende Ergebnis ist der Bodendurchlässigkeitswert $k$ wichtig, weiter ist jedoch auch die Reichweite der Absenkung von Bedeutung. Während für die Bestimmung von $k$ verschiedene zuverlässige Verfahren bekannt sind, wird die Reichweite meist nur geschätzt, wenn für die Dimensionierung einer Absenkungsanlage die Wassermenge $q$ ermittelt werden soll, die zur Erzielung einer bestimmten Absenkung gefördert werden muß.

In den vorstehenden Ausführungen wurde versucht, auf theoretischem Wege zu wenigstens näherungsweise gültigen Formeln für die Bestimmung der Reichweite zu gelangen. Unter der Voraussetzung, daß die Absenkung in nichtströmendem Grundwasser und ohne irgendwelche äußeren Zuflüsse zu demselben erfolgt, wird von dem Gedanken ausgegangen, daß die bis zu einem gewissen Zeitpunkt geförderte Wassermenge gleich dem Wasserinhalt des jeweiligen Absenkungstrichters sein muß, da außerhalb der Reichweitengrenze gemäß der Begriffsbestimmung der Reichweite keine Beeinflussung des Grundwassers eintreten darf. Die hierauf beruhenden Untersuchungen, welche außer auf Einzelbrunnen auch auf kreisförmige, rechteckige und mehrstafflige Anlagen ausgedehnt wurden, zeigten, daß die Größe der Reichweite in der Hauptsache von der Mächtigkeit der grundwasserführenden Schicht $H$, von dem Durchlässigkeitswert $k$ und dem Porenvolumen des Untergrundes und von der Senkungsdauer abhängt. Eine untergeordnete Rolle spielen in den theoretischen Formeln die Entnahmemengen, die sich hauptsächlich in der erzielten Absenkung auswirken, und bei Mehrbrunnenanlagen die räumlichen Abmessungen der Baugrube, die zumeist nur bei langgestreckten Anlagen und in der allerersten Entnahmezeit von Bedeutung sind. Da die durch eine größere Wasserförderung bedingte größere Absenkung eine steilere Absenkungskurve herbeiführt, wird der Einwirkungsbereich der Absenkung, der sich durch praktische Messungen an Ort und Stelle nachweisen läßt, jedoch um so weiter hinausgeschoben, je mehr Wasser sekundlich entnommen wird.

Die Annahmen, welche für die Ermittlung der Reichweite gemacht wurden, bedingen Spiegelgleichungen, welche von den Thiemschen bzw. Forchheimerschen Brunnenformeln etwas abweichen. Wesentlich ist, daß sich nach den neuen Gleichungen der Senkungsspiegel an der Reichweitengrenze tangential dem ungesenkten Grundwasserspiegel anschmiegt. Weiterhin errechnet sich nach den neuen Gleichungen bei gleicher Absenkungstiefe eine größere Fördermenge als nach der Forchheimerschen Mehrbrunnenformel. Der prozentuale Unterschiedsbetrag ist für kleine Anlagen unwesentlich, steigert sich jedoch mit der Größe der abzusenkenden Fläche. Dies stimmt mit praktischen Beobachtungen überein, wonach die Forchheimersche Formel für größere Baugruben zu geringe Fördermengen ergibt.

Die Untersuchungen über die Reichweite wurden auch auf artesische Brunnen ausgedehnt. Das Ergebnis bestätigt die in der Praxis gemachte Beobachtung, daß die Entspannung des artesischen Wassers sich im Gegensatz zu der Absenkung im ungespannten Grundwasser fast augenblicklich im gesamten artesischen Feld bemerkbar macht, so daß letzten Endes die Reichweite nur von der Ausdehnung des artesischen Wasserstockwerks abhängt.

Zum Schluß wurde der Einfluß untersucht, den die Zuflüsse hervorrufen, welche durch Infiltration der Niederschläge oder Kondensation des Wasserdampfes der Luft entstehen. Diese Zuflüsse setzen die Geschwindigkeit des Reichweitenvorschubs herab und führen zu einem Beharrungszustand, für den sich die Größe der Reichweite und der Zeitpunkt, an dem er erreicht ist, berechnen lassen, falls die mittlere Zuflußmenge bekannt ist oder durch eine Probesenkung ermittelt wurde.

# Schriftenverzeichnis.

Kyrieleis, W.: Grundwasserabsenkung bei Fundierungsarbeiten. Berlin: Julius Springer 1913.

Bergwald, F.: Grundwasserabsenkung für Gründungen von Bauwerken. München und Berlin: R. Oldenbourg 1917.

Keilhack: Lehrbuch der Grundwasser- und Quellenkunde. Berlin 1917.

Forchheimer: Grundriß der Hydraulik. 1920.

Prinz, E.: Lehrbuch der Hydraulik. Berlin: Julius Springer 1923.

Lummert, R.: Zur Berechnung der Ergiebigkeit von Grundwasserströmen. Journ. f. Gasbel. 1917.

Schultze, J.: Reichweite und Ergiebigkeit einer Grundwasserabsenkung in Abhängigkeit von der Betriebsdauer. Bautechnik 1923.

Schultze, J.: Die Grundwasserabsenkung in Theorie und Praxis. Berlin: Julius Springer 1924.

Druck von Breitkopf & Härtel, Leipzig.

## Verlag von Julius Springer / Berlin

**Die Staumauern.** Theorie und wirtschaftlichste Bemessung mit besonderer Berücksichtigung der Eisenbetontalsperren und Beschreibung ausgeführter Bauwerke von Dr.-Ing. **N. Kelen.** Mit 307 Textabbildungen und Bemessungstafeln. VIII, 294 Seiten. 1926.
Gebunden RM 39.—

**Die Wasserbewegung im Dammkörper.** Erforschung der inneren Vorgänge im Wege von Versuchen. Von Ing. **Ignaz Schmied,** Hofrat i. R. Mit 150 Abbildungen im Text. VIII, 200 Seiten. 1928. RM 22.—
(Verlag von Julius Springer / Wien)

**Grundzüge des Unterwassertunnelbaues.** Von Ing. **A. Haag.** Mit 56 Textabbildungen. 42 Seiten. 1916. RM 2.—

**Über Kostenberechnung im Tiefbau** unter besonderer Berücksichtigung größerer Erdarbeiten. Von Dr.-Ing. **Heinrich Eckert.** Mit 5 Abbildungen im Text und 96 Tabellen. IV, 120 Seiten. 1925. RM 6.—; gebunden RM 7.—

**Aufgaben aus dem Wasserbau.** Angewandte Hydraulik. 40 vollkommen durchgerechnete Beispiele. Von Dr.-Ing. **Otto Streck.** Mit 133 Abbildungen, 35 Tabellen und 11 Tafeln. IX, 362 Seiten. 1924. Gebunden RM 12.—

**Handbuch der Hydrologie.** Wesen, Nachweis, Untersuchung und Gewinnung unterirdischer Wasser: Quellen, Grundwasser, unterirdische Wasserläufe, Grundwasserfassungen. Von Zivilingenieur **E. Prinz,** Berlin. Zweite, ergänzte Auflage. Mit 334 Textabbildungen. XIII, 422 Seiten. 1923. Gebunden RM 18.—

**Von der Bewegung des Wassers** und den dabei auftretenden Kräften. Grundlagen zu einer praktischen Hydrodynamik für Bauingenieure. Nach Arbeiten von Staatsrat Dr.-Ing. e. h. **Alexander Koch,** s. Zt. Professor an der Technischen Hochschule zu Darmstadt, herausgegeben von Dr.-Ing. e. h. **Max Carstanjen.** Nebst einer Auswahl von Versuchen Kochs im Wasserbau-Laboratorium der Darmstädter Technischen Hochschule zusammengestellt unter Mitwirkung von Studienrat Dipl.-Ing. **L. Hainz.** Mit 331 Abbildungen im Text und auf 2 Tafeln sowie einem Bildnis. XII, 228 Seiten. 1926. Gebunden RM 28.50